实用
食品雕刻
技法大全

罗家良

著

化学工业出版社
·北京·

图书在版编目（CIP）数据

实用食品雕刻技法大全 / 罗家良著. —北京：化
学工业出版社，2019.8（2024.8重印）
  ISBN 978-7-122-34373-4

  Ⅰ. ①实… Ⅱ. ①罗… Ⅲ. ①食品雕刻 Ⅳ.
① TS972.114

中国版本图书馆 CIP 数据核字（2019）第 078873 号

责任编辑：张　彦
责任校对：王素芹　　　　　　　　　　装帧设计：史利平

出版发行：化学工业出版社（北京市东城区青年湖南街 13 号　邮政编码 100011）
印　　装：北京华联印刷有限公司
710mm×1000mm　1/16　印张 11　字数 276 千字　2024 年 8 月北京第 1 版第 9 次印刷

购书咨询：010-64518888　　　　　　售后服务：010-64518899
网　　址：http://www.cip.com.cn
凡购买本书，如有缺损质量问题，本社销售中心负责调换。

定　　价：59.00 元

目录

contents

第1章

食品雕刻概论

1.1　什么是食品雕刻

　　食品雕刻，也称果蔬雕刻，就是利用一些专用的刀具，采用一些特殊的刀法，将新鲜卫生的蔬菜、水果原料加工成花、鸟、鱼、虫等艺术形象的操作过程。

1.2　食品雕刻的特点

　　（1）食品雕刻是应用于餐饮行业的一门艺术，小型的作品可以做盘饰，摆在餐盘中用以装饰菜肴；中型的作品摆在餐桌中间，做看盘；大型的作品摆在餐厅、会场中，做展台。

　　（2）食品雕刻必须以可食用的、新鲜干净的蔬菜水果为原料，如萝卜、胡萝卜、南瓜、黄瓜、芋头、西瓜、苹果等。食品雕刻之所以受人喜爱，不仅因其造型美观，也在于原料质感的新鲜水嫩及可食用，让人有亲近感，且与餐饮环境气氛相融合。所以食品雕刻应充分利用原料本身的形态和色彩设计制作作品，色彩要自然美观，突出天然本色。食品雕刻作品中不应该加入石块、泡沫、铁丝、色素、绘画用的不可食用颜料等。

　　（3）食品雕刻集优美的造型、吉祥的寓意、熟练的技法于一体，它不同于果盘，也不同于冷拼，虽然既能欣赏，又能食用，但以欣赏为主。

　　（4）食品雕刻作品展示时间短，不能长时间保存（因原料容易脱水干瘪），这是食品雕刻的缺点，但也正是它的魅力所在，有人说它是瞬间的艺术，正因如此，食品雕刻才格外让人觉得珍贵、稀有。

　　（5）现在是一个讲速度讲效率的时代，因此要求雕刻手法简单快速，繁简适宜，不能过于精雕细刻。如果一个食雕作品要雕好几天，极精、极繁、极大，最后却只展示了两三个小时，这种做法无疑会将食品雕刻推向灭亡。只有有市场需求的东西才会有生命力，只有简单实用的食品雕刻才能长久发展下去。

1.3　食品雕刻的作用

　　（1）美化菜肴，提高档次；

　　（2）烘托气氛，点明宴席主题；

　　（3）融入文化；

　　（4）弥补菜肴在颜色、造型方面的不足；

　　（5）可当容器使用（如龙舟、瓜盅等）。

1.4 食品雕刻的原料

可用于食品雕刻的原料很多，白萝卜、绿萝卜、胡萝卜、心里美萝卜、南瓜、芋头、西瓜、苹果、白菜、油菜、莴笋等，很多原料都可以用于食品雕刻。原料一定要新鲜干净，水分充足。

1.5 食品雕刻作品的保存

（1）清水浸泡法：即将雕刻好的作品放在清水中浸泡，注意在浸泡过程中要勤换水，如能在水中加些冰块、明矾、维生素C，则效果更好。这样一般能保存两三天。

（2）低温密封法：即将雕刻好的作品先用清水浸泡一会，然后用保鲜膜密封包好放冰箱冷藏室低温保存（不是冷冻），这样一般能保存一周至十天。

有些原料不适合清水长时间浸泡，如胡萝卜（过度变形）、过熟的南瓜（变成粉末状）。

苹果在雕花过程中易变色，可淋淡盐水保持色泽新鲜。

1.6 食品雕刻的常用刀具

（1）手刀，这是最常用最重要的雕刻用刀，刀刃长度8cm左右，用于雕轮廓、细节及花瓣（见图1）。

（2）戳刀，分U形戳刀和V形戳刀两类，主要用于戳花瓣、线条、大型造型、剔废料等（见图2）

（3）拉刻刀，也叫掏刀，分各种形状、各种型号，主要用于在原料表面雕刻出各种凹槽及各种线条等（见图3）。

图1 手刀

（4）大型刀，也叫开料刀，刀刃较长，主要用于分割原料、切大型坯子、打圆等（见图4）。

（5）削皮刀，不仅能给萝卜、南瓜等原料削皮，有时还能削出绿叶、宽条、细丝等（见图5）。

图2 戳刀

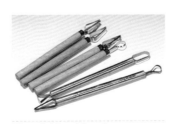

图3 拉刻刀（掏刀）

图4 大型刀（开料刀）

（6）西瓜灯套环刀和泰式西瓜刀，主要用于雕西瓜灯表面的套环和西瓜花（见图6）。

（7）其他：502胶水、牙签，主要用于粘接原料，还有仿真眼等（见图7）。

图5　削皮刀

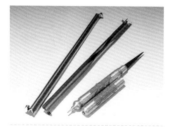

图6　西瓜灯套环刀和泰式西瓜刀

图7　502胶水、牙签、仿真眼、水性铅笔

1.7　食品雕刻刀的常见握法

（1）手刀横握法，运刀方向向内。常用于雕大型造型、轮廓及花瓣（见图8）。

（2）手刀笔握法，运刀方向向左（或向右）。常用于雕细节、关键部位及剔废料等（见图9）。

（3）戳刀笔握法，运刀方向向前（见图10）。

（4）拉刻刀笔握法，运刀方向向内（见图11）。

（5）手刀外削法，横握手刀，刀刃朝外，运刀方向向外（见图12）。

（6）大型刀直握法，运刀方向向下（见图13）。

图8　手刀横握法，注意运刀时大拇指要抵住原料

图9　手刀笔握法，注意运刀时小拇指和无名指要抵住原料

图10　戳刀笔握法，注意运刀时小拇指和无名指要抵住原料

图11　拉刻刀笔握法，注意运刀时小拇指和无名指要抵住原料

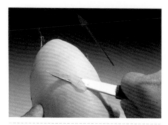

图12　手刀外削法

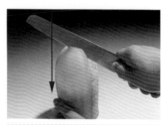

图13　大型刀直握法

1.8 常用刀法简介

上面介绍的是刀的握法，现在介绍刀在运行过程中都有哪些不同的方法：

（1）直刀法，手刀刀刃在运刀过程中呈直线或略呈弧线（见图14）。

（2）旋刀法，手刀刀刃在运刀过程中呈现出旋转状态（见图15）。

（3）戳刀法，戳刀在原料表面或原料中向前推进（见图16）。

（4）拉刀法，用拉刻刀（掏刀）在原料表面从上向下或从外向内雕出线条和凹槽（见图17）。

（5）掏刀法，用拉刻刀（掏刀）在原料内部掏出花瓣或剔去废料（见图18、图19）。

（6）抖刀法，手刀在运刀过程中刀刃左右摆动使切面呈齿状（见图20）。

（7）削刀法，手刀或大型刀或削皮刀在原料表面向前或向后削出薄片（见图21）。

图14　直刀法

图15　旋刀法

图16　戳刀法

图17　拉刀法

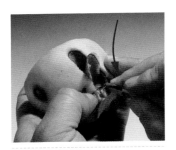

图18　掏刀法1

图19　掏刀法2

图20　抖刀法

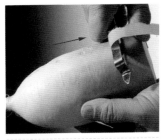

图21　削刀法

1.9 什么是掌握大型"几何法"

我们在雕（或画）一个动物前，先要把雕刻对象的外形特征仔细分析一下，并把它们分解成几个简单的几何体，如球形、鸡蛋形、三角形、长方形、扇形等，这些几何体不论在何种姿势下，都是不改变形状的，它们通过一些软组织（如脖子、关节等）连接在一起，并形成了动物的各种动作，如回头、抬头、奔跑、跳跃、飞翔等，这就是"几何法"。雕刻的时候，要保证这些几何体的完整，不能变形或被破坏，否则动物的外形就不准确了，"几何法"也就失去了意义。例如把小鸟的头、身看作是两个大小不同的椭圆形（见图22），两个椭圆形之间位置的不同，就形成了小鸟的平头、扬头、低头、回头等姿势（见图23）；孔雀的头是一个三角形，身体是一个椭圆形，两者之间靠一个可以弯曲的脖子连接（见图24），头和身体之间位置的不同，就形成了孔雀低头、回头、扬头等姿势（见图25）；神仙鱼的身体大形是两个三角形（见图26）；羊的身体大形是两个猪腰子形加上脖子和腿（见图27）。

图22 小鸟的"几何法"分析

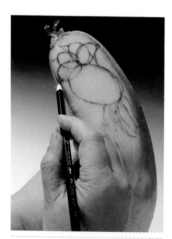

图23 小鸟的各种姿态

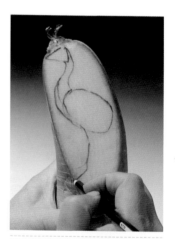

图24 孔雀的"几何法"分析

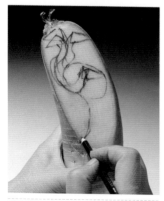

图25 孔雀头的位置和方向的不同，形成了孔雀的不同姿势

图26 神仙鱼的"几何法"分析

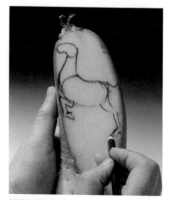

图27 羊的"几何法"分析

1.10 什么是掌握大型"比例法"

所谓"比例法"就是将雕刻对象的各个部位之间的大小关系用比例的形式确定下来，以确保所雕动物外形准确，比例恰当，这种方法就叫"比例法"。

"比例法"的好处是使初学者在学习雕刻的时候，有了关于雕刻对象的长短或大小方面的依据，避免出现比例失调现象的发生。

"比例法"有两种应用形式，一种是看动物身体的某一部位在整体中所占的比例，比如仙鹤的特征是腿长，约占整个身高的一半，所以雕刻时可先在原料的中间画一横线，以此确定腿的长度（见图28～图31）。再比如孔雀的腿、尾比较长，所以先将原料三等分，然后在上面1/3的位置画出身体的椭圆，然后画出头、腿、尾，以此确保孔雀的正确比例（见图32～图35）。

图28 在原料中间画一横线

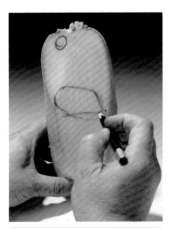

图29 画出身体和头的形状

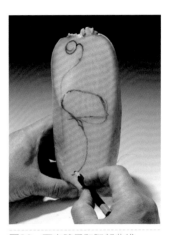

图30 画出脖子和腿部曲线

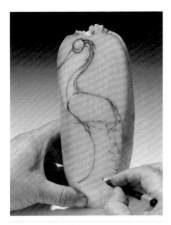

图31 画出嘴、尾

图32 将原料三等分

图33 画出三角形头和椭圆形身体

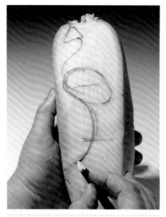

图34 画出脖子和腿

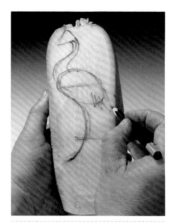

图35 画出尾

另一种是用动物（或人物）的头长去衡量身长，比如正常人的身高是头长的7～8倍，龙的身长是龙头长度的7～8倍等（图略）。

1.11 什么是掌握大型"动势曲线法"

所谓"动势曲线法"就是在画动态姿势比较明显的一些形象时，先找出其最主要的、最具代表性的曲线，画出这条曲线后，再运用"几何法"和"比例法"添加上其他部位，一个丰满的、鲜活生动的艺术形象就出来了。例如画飞鹤的时候，首先画出"之"字形曲线，然后画出头和身体（见图36～图38）。雕鲤鱼时，先画出最重要的背部曲线，然后画出头、腹、尾（见图39、图40）。雕牛的时候，先在原料上画出其夸张的颈背部曲线，然后画出头、胸、臀，最后画出腹、腿、尾（见图41～图43）。

"几何法"和"比例法"描绘的是物体的形态，"动势曲线法"描绘的是动物的动态（即姿势），形态是造型的基础，动态是表现方法，任何一件艺术作品都不是单纯的表现结构、肌肉和骨骼，而是通过形态和动态表现主体的神态，点明主题，体现美感，从而表达出一定的思想性和艺术性。

图36 先画出"之"字形曲线

图37 画出头、身两个椭圆

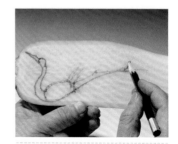

图38 画出嘴、尾、腿

图39 画出鲤鱼背部曲线

图40 画出鲤鱼头、腹、尾

图41 画出牛的背部曲线

图42 画出牛的头、胸廓、臀部

图43 画出腹、腿、尾

1.12 原料大型坯子的切法

很多初学者觉得食品雕刻很难学，拿到一块原料后，不知道如何下手，其实，不论雕什么，先把原料切成一个简单的大形坯子，下一步就可以几刀雕出轮廓雏形。对于雕鸟类来说，切好大形坯子可以把三维立体的形象变成二维平面的，只要你在大形坯子的侧面画出雕刻对象的大形轮廓，就能很容易地雕出来，这样就大大降低了难度。

雕花的大形坯子常有：半球形、帐篷形、圆柱形、杯子形（见图44）

雕鸟的大形坯子常有：楔形（见图45），适合雕直头或回头的鸟；椅背形（见图46），适合雕侧头的鸟；回楔形（见图47），适合雕侧回头的鸟；圆楔形（见图48），适合雕略侧头的鸟。

雕动物的大形坯子常有：厚片形和梯形（即上窄下宽）（见图49、图50）。

图44 各种花的大形坯子

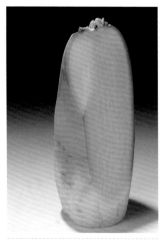

图45　楔形大形

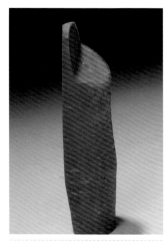

图46　椅背形大形

图47　回楔形大形

图48　圆楔形大形

图49　雕动物的大形坯子

图50　雕牛、鹿的大形坯子

1.13　花卉的一般雕法

　　第一种，首先是修大形坯子，然后从外层花瓣开始雕起，雕一层花瓣，剔一层废料，逐渐收花心，如牡丹、月季、玫瑰、荷花、菊花、玉兰等。

　　第二种，先修大形坯子，然后雕花心，从花心开始向外一层层雕花瓣，如大丽花、睡莲等。

　　第三种，先用拉刻刀（掏刀）或戳刀雕出带有弧面的一片片的花瓣，然后用502胶水将花瓣一片片粘在花心上，如掏刀荷花、掏刀菊花等。

1.14 鸟类的一般雕法

鸟类是食品雕刻中最常见的一类题材，雕鸟类的一般步骤是：切大形坯子（不论切什么样的大形坯子，都要把嘴部切成尖形），画出大形，雕出大形，雕去棱角并修光滑，雕出嘴、眼、头部，雕出身上羽毛，雕出尾，雕出腿爪，雕出翅膀，粘上翅膀。

下面以雕仙鹤为例（见图51～图60）。

图51 将原料切成上窄下宽的楔形

图52 将嘴部切成尖形

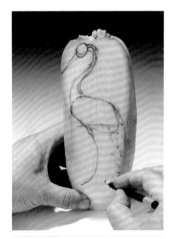

图53 画出仙鹤的大形

图54 雕出身体大形

图55 将身体修光滑

图56 雕出嘴、眼、头部

图57 雕出身上羽毛和尾部

图58 雕出腿爪

图59 雕出翅膀

图60 组装

1.15 动物类的一般雕法

雕动物，一般是先将原料切成厚片或上窄下宽的梯形坯子，然后在侧面画出动物的大体轮廓，雕出大形（如果腿部原料不够可以粘上），将脖子和腰部修细，身体修光滑，雕出头部大形，雕出耳、眼、鼻、嘴，雕出身体肌肉骨骼，最后粘上尾、角、鬃毛等。

下面以雕兔子为例（见图61～图66）。

图61 在厚片形坯子上画出兔子的轮廓

图62 雕出兔子的轮廓

图63 将脖子和腰部修细，削去棱角，表面削光滑

图64 修出头部大形，雕出眼、鼻、嘴等

图65 雕出身上肌肉，粘上尾巴

图66 完成

1.16 鸟类翅膀的一般雕法

　　鸟类的翅膀，张开后基本上是三角形，翅膀上的羽毛分两种：位于翅膀根部，覆盖着翅膀骨骼和肌肉的羽毛，叫复羽，这部分羽毛呈半圆形，和鱼鳞形状一样；位于翅膀前端呈长条状，能张开能收拢的羽毛，叫飞羽。无论雕什么鸟类，雕翅膀都是很重要的一项内容，翅膀的好坏直接影响整个雕刻作品的效果（具体雕法见图67～图80）。

图67 在原料的两侧各切下一厚片（中间的楔形雕鸟的身体）

图68　将两个厚片雕成如图形状的三角形，削去表皮

图69　用双线拉刻刀雕出复羽的边界线

图70　用手刀剔下复羽外的一层原料使复羽部分略突出

图71　用手刀或拉刻刀雕出复羽

图72　用U形戳刀戳出第一层飞羽

图73　用手刀剔去相邻两片飞羽之间的废料

图74　用手刀剔去第一层复羽底下的废料

图75　用U形戳刀戳出第二层飞羽，每一刀都要戳透原料

图76　将翅膀背面削薄、削光滑

图77 用拉刻刀拉出翅膀边缘的棱，将其他部分削薄

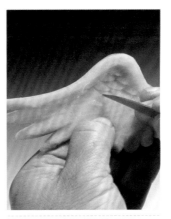

图78 雕出翅膀背面的复羽

图79 再雕出一层复羽

图80 完成

1.17 鸟嘴的一般雕法

鸟嘴一般分长嘴、短嘴、扁嘴、弯钩嘴四大类，不论是哪类嘴，都要雕得干净、整齐、锐利、棱角分明。应注意两点，一是一般鸟类的上嘴（喙）粗、长，下嘴（喙）细、短；二是上嘴（喙）和下嘴（喙）的交界处（即嘴角）要尽量向头内靠，在眼睛的底下位置、甚至还要靠后，否则会有张不开嘴的感觉。

比较简单的鸟嘴的雕法见图81～图100。

稍复杂一点的鸟嘴的雕法见图101～图122。

图81　胡萝卜切成楔形（即前面是尖形）

图82　在侧面画出椭圆形

图83　画出鸟嘴和脖颈

图84　雕出鸟嘴和鸟头

图85　将脖颈部的棱角修去

图86　在嘴和头的交界处斜切一刀

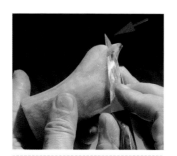

图87　将嘴上部两侧的棱削去

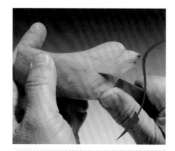

图88　再将嘴下部两侧的棱削去，此时嘴部成为菱形锥

图89　画出嘴形

图90　上下两刀雕出嘴形

图91　拿去嘴中间的余料

图92　用刀刃将嘴部撑开一些

图93　用小V形戳刀戳出两侧鼻孔

图94　用小V形戳刀戳出舌头

图95　用U形戳刀戳出眼部凹槽

图96　再戳出嘴角部肌肉

图97　用小U形戳刀戳出眼睛

图98　再戳出眼后的两个月牙形花纹

图99　用小拉刻刀拉出嘴角肌肉部的细小羽毛

图100　完成

图101　原料切成楔形（即尖形）

图102　在侧面画出椭圆形头部

图103　画出张开的嘴和脖颈

图104　雕出嘴、头上部曲线

图105　再雕出下嘴曲线

图106　在嘴、头交界处切一刀

图107　从前向后将上嘴两侧的棱切去

图108　使嘴上部形成尖形

图109　再将嘴下边两侧的棱切去

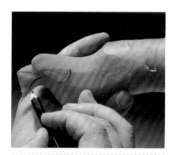
图110　画出张开的嘴形

图111　雕出上嘴

图112　再雕出下嘴

图113　拿掉嘴中间的余料

图114　用拉刻刀在嘴角处拉出嘴壳

图115　雕出鼻孔

图116　再雕出舌头

图117 用U形戳刀从眼部向后戳出凹槽

图118 再戳出嘴部肌肉

图119 雕出眼睛

图120 雕出眼睛后面的花纹

图121 用拉刻刀拉出嘴部肌肉上的细纹

图122 完成

1.18 鸟爪的一般雕法

鸟爪的姿势一般有两种：站立式和抬腿悬空式，这里简单介绍一下站立式鸟爪的雕法（见图123~图134）。

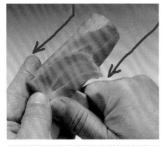

图123 原料切成"Y"形厚片

图124 画出鸟爪和腿部

图125 雕出腿和爪的上部曲线

图126　画出爪底曲线

图127　雕出后爪和靠边的一个前爪趾

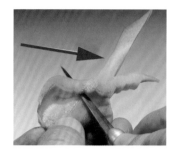

图128　雕出另一个前爪趾

图129　将中间的爪趾削尖

图130　雕出中间的爪趾

图131　削圆棱角

图132　用拉刻刀拉出侧面的槽线

图133　雕出腿和爪趾上面的纹

图134　完成

第2章

食品雕刻技法实例

2.1 百合花

① 用大号U形戳刀在萝卜的弧面上戳出马鞍型凹槽。

② 用双线拉刻刀在凹槽中间戳出一双线。

③ 用大号U形戳刀戳下薄片。

④ 用手刀将大薄片修成花瓣形状。

⑤ 每朵花需要戳出6片花瓣。

⑥ 胡萝卜削成圆柱，戳成花心。

⑦ 在花心周围先粘上三片花瓣。

⑧ 再粘上第二层三片花瓣。

⑨ 配上红窗门头即可。

⑩ 或者配上萝卜皮雕的叶子。

2.2 大丽花1

① 心里美萝卜一剖两半。

② 将其中的一半削去表皮，修成半球状。

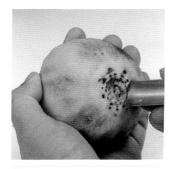

③ 用U形戳刀在原料顶部戳出花心。

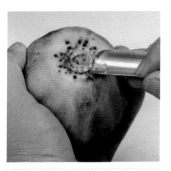

④ 将花心周围的原料剔掉一圈，使花心凸起。

⑤ 将花心修圆，雕出花心上的方格。

⑥ 用小U形戳刀在花心周围戳出一圈花瓣（先斜刀戳下一块废料，再将刀后退一点戳出花瓣）。

⑦ 换大一点的戳刀，戳出第二层花瓣。

⑧ 同样方法戳出第三层花瓣。

⑨ 戳出第四层花瓣。

⑩ 戳出第五层花瓣。

⑪ 在戳第六层花瓣时，戳刀要反复推拉几次，每一次再戳时，要将戳的角度变大。

⑫ 能使刀刃从原料底部透出。

⑬ 戳完一圈后，花与废料分离。

⑭ 最后配上小房子、树枝、叶子即可。

2.3 大丽花2

① 取半个心里美萝卜，在顶部戳一个三分之一深的锅底坑。

② 用U形戳刀戳一个1cm深的洞。

③ 用手刀将洞底修成中间凸起的花心形状。

④ 用小U形戳刀在洞的侧面戳出一圈小花瓣。

⑤ 用手刀在小花瓣的外面，削出一个锥形坑。

⑥ 用小U形戳刀先在锥形坑的侧面戳下一小块原料。

⑦ 小U形戳刀后退一线，戳出圆槽状花瓣。

⑧ 如此戳出一圈花瓣。

⑨ 用手刀剔去一圈废料，注意剔废料时，要使花瓣露出一半长度（不要完全露出）。

⑩ 换大一号U形戳刀戳出第二层花瓣。

⑪ 再剔一圈废料。

⑫ 换大一号U形戳刀戳出第三层花瓣。

 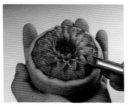  

⑬ 再剔一圈废料。　⑭ 戳出第四层花瓣。　⑮ 再剔一圈废料。　⑯ 戳出第五层花瓣。

⑰ 在剔最后一圈废料时，要从原料底部下刀。

⑱ 剔去废料后形状如图。

⑲ 戳出最后一圈花瓣，注意每刀戳至花心底部。

⑳ 戳完一圈花瓣后，花与废料分离。

㉑ 配上底座、绿叶、方框即可。

2.4 荷香（荷花1）

① 半个心里美萝卜切成五角帐篷形的坯子。

② 在棱上切下一条废料，刀刃的走向略呈现"S"形。

③ 雕出第一片花瓣（尖薄，根略厚）。

④ 同样方法雕出第一层五片花瓣。

⑤ 将花坯倒过来拿在手中，从花瓣根部开始剔废料。

⑥ 剔下五块废料后形成第二个帐篷形花坯。

⑦ 将原料翻过来拿在手中，从棱角处切下一块废料。

⑧ 雕出第二层第一片花瓣。

⑨ 如此雕出第二层五片花瓣。

⑩ 将原料翻过来握在手中，雕出第三个花坯大形（灯笼形）。

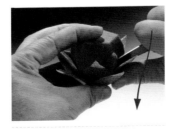

⑪ 在棱上切一条废料。

⑫ 如此雕出第三层五片花瓣。

⑬ 用手刀剔去花心周围一圈废料。

⑭ 用小V形戳刀戳出一圈细丝。

⑮ 再剔一圈废料。

⑯ 将花心部分截短。

⑰ 将花心修成莲蓬形。

⑱ 戳出莲子孔，用绿萝卜皮雕出莲子镶在上面。

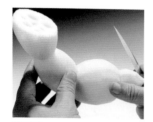

⑲ 用白萝卜雕出一段藕。

⑳ 绿萝卜切厚片，将中心部戳凹做荷叶。

㉑ 用拉刻刀将荷叶背面削薄。

㉒ 拉出荷叶上的纹。

㉓ 将荷花、荷叶、藕组装在一起。

2.5 戏荷（荷花2）

① 半个心里美萝卜切成五角帐篷形的坯子。

② 用手刀在弧面上划出荷花瓣的形状。

③ 用手刀雕出花瓣。

④ 如此雕出第一层五片花瓣。

⑤ 在每两片花瓣之间剔下一块废料。

⑥ 如此修出第二个花坯大形（帐篷形）。

⑦ 在弧面上划出花瓣形状。

⑧ 如此雕出第二层五片花瓣。

⑨ 在每两片花瓣之间剔废料，修出第三个花坯大形（灯笼形）。

⑩ 在弧面上划出花瓣形状。

⑪ 如此雕出第三层五片花瓣。

⑫ 剔一圈废料，将花心部分削圆。

⑬ 用小V形戳刀戳出一圈细丝。

⑭ 用拉刻刀将花心部分挖空。

⑮ 用绿萝卜雕出一莲蓬。

⑯ 粘在花心部。

⑰ 用萝卜皮雕出荷叶。

⑱ 用萝卜皮雕出蜻蜓的身体大形。

⑲ 雕出蜻蜓的眼睛和身上花纹。

⑳ 用大葱的薄皮雕出翅膀，粘在蜻蜓身上。

㉑ 用胡萝卜雕出荷花花蕾，先将蜻蜓粘在花蕾上，然后粘蜻蜓的腿。

㉒ 将荷花、荷叶、花蕾、蜻蜓组装在一起即可。

2.6 荷韵（掏刀荷花）

① 用大号U形戳刀按弧线方向戳入原料一半。

② 将原料反转过来，从另一端戳入原料。

③ 拿去戳出来的废料，在原料上留下一椭圆形凹槽。

④ 从凹槽一侧戳出一半花瓣。

⑤ 再从凹槽另一侧戳出花瓣。

⑥ 用手刀将花瓣修成荷花的花瓣形状，共雕出18片花瓣。

⑦ 用拉刻刀在花瓣表面划出线条。

⑧ 取一绿萝卜，雕出莲蓬雏形。

⑨ 雕出莲子。

⑩ 在胡萝卜表面戳一圈花丝。

⑪ 用手刀削下一圈花丝。

⑫ 用502胶水将花丝粘在莲蓬上。

⑬ 在莲蓬周围粘上第一圈6片花瓣。

⑭ 再粘上第二层6片花瓣。

⑮ 粘上第三层花瓣。

⑯ 另雕出白墙、红窗、绿叶，组装上即可。

2.7 睡莲

① 萝卜一剖两半。

② 用U形戳刀在原料顶部戳一个三分之二深的洞。

③ 将圆柱周围的原料剔掉，修成一锥形坑。

④ 用大V形戳刀先挑下一条废料。

⑤ 再戳出两边尖中间宽的船形花瓣。

⑥ 戳出第一层8片花瓣。

⑦ 在花瓣底下剔去一圈废料，然后用手刀在两片花瓣根部再剔下一点废料，使花瓣完全露出来。

⑧ 戳出第二层花瓣（还是先挑一条废料，后戳出船形花瓣）。

⑨ 再剔一圈废料，然后戳出第三层花瓣（注意每个花瓣都是两边尖中间宽的船形）。

⑩ 继续剔废料。

⑪ 戳出第四层花瓣。

⑫ 戳出第五层花瓣。

⑬ 再剔废料，戳出第六层花瓣。

⑭ 用拉刻刀将花心部分挖空。

⑮ 用胡萝卜戳出小花心。

⑯ 将胡萝卜花心粘在睡莲中央。

⑰ 绿萝卜粘成水管形，削光滑。

⑱ 胡萝卜雕出水龙头旋钮。

⑲ 心里美萝卜切两片蝴蝶翅膀。

⑳ 将蝴蝶两片翅膀粘在一起。

㉑ 将睡莲、水龙头、蝴蝶组装在一起即可。

… (the crops)

2.8　圆叶睡莲

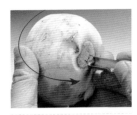

① 用U形戳刀在原料顶部戳三分之二深的圆柱。

② 在圆柱周围戳出一锥形坑，用手刀将锥形坑侧面削光滑。

③ 在锥形坑的侧面，先用小U形戳刀挑下一条废料，然后戳出圆槽形花瓣。

④ 戳完第一层8片花瓣后，剔一圈废料，然后将两花瓣之间的废料再剔净一点。

⑤ 换大一号戳刀戳出第二层花瓣。

⑥ 剔废料后戳出第三层花瓣。

⑦ 再剔一圈废料，将花瓣根部的废料再剔净。

⑧ 戳出第四层花瓣。

⑨ 再剔废料。

⑩ 戳出第五层花瓣。

⑪ 把胡萝卜戳出小花心。

⑫ 将花心部圆柱挖掉，换上胡萝卜花心。

⑬ 将圆叶睡莲、白墙、绿叶组装上即可。

2.9　庭院深深（牡丹花1）

① 心里美萝卜切开。

② 用手刀在原料底部旋出一圈齿状花瓣。

③ 剔去半周废料。

④ 将废料取下。

⑤ 在切面上旋出第二层第一片花瓣（三到四个齿）。

⑥ 在与花瓣重叠一点的位置上再下刀剔半周废料。

⑦ 取下废料。

⑧ 旋出第二层第二片花瓣。

⑨ 再剔半周废料。

⑩ 旋出第二层第三片花瓣。

⑪ 如此重复，旋出第三层三片花瓣。

⑫ 旋出第四层三片花瓣。

⑬ 旋出第五层三片花瓣，注意
花瓣要逐渐向内收心。

⑭ 最后雕出花心。

⑮ 白萝卜雕白墙，粘上胡萝卜
雕的门头。

⑯ 将牡丹花、门斗、绿叶组合
在一起即可。

2.10 忆江南（牡丹花2）

① 心里美萝卜一剖两半。

② 将半个萝卜切成五角帐篷形的坯子。

③ 用小U形戳刀在弧面上戳出五个齿。

④ 用手刀雕出齿状花瓣。

⑤ 在两个花瓣间剔废料。

⑥ 修出新的五角帐篷形的坯子。

⑦ 在弧面上戳出五个齿。

⑧ 用手刀雕出第二层五片花瓣。

⑨ 再在两花瓣间剔废料。

⑩ 在新修出的坯子的弧面上戳出小齿。

⑪ 雕出第三层五片花瓣。

⑫ 将两花瓣间的废料剔去。

13 在刚刚完成的弧面上旋出圆形花瓣。

14 剔去旁边的废料。

15 旋出下一片花瓣（与前一片花瓣略重叠）。

16 如此旋出一圈五片花瓣后，再旋出一圈五片花瓣。

17 用拉刻刀将花心挖空。

18 用胡萝卜雕出一个小花心。

19 将胡萝卜花心粘在牡丹花心上。

20 雕出白墙和半圆窗。

21 将牡丹花与白墙、半圆窗、绿叶等组合在一起即可。

2.11 禅心（抖刀牡丹）

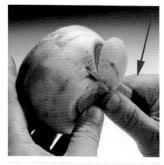

① 取半个心里美萝卜，直刀切下一个面。

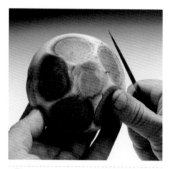

② 共切出5个这样的平面。

③ 用抖刀法雕出一片齿状花瓣。

④ 如此雕出第一层五片花瓣。

⑤ 剔去两花瓣间的废料。

⑥ 抖刀雕出第二层第一片花瓣。

⑦ 剔去相邻的一块废料。

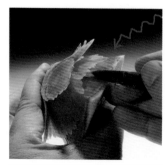

⑧ 抖刀雕出第二层第二片花瓣。

⑨ 如此雕出第二层五片花瓣。

⑩ 剔废料，雕出第三层花瓣。

⑪ 雕出第四层花瓣。

⑫ 雕出第五层花瓣。

⑬ 用拉刻刀将花心部分挖空。

⑭ 用胡萝卜雕出小花心。

⑮ 将胡萝卜花心粘在牡丹花中央。

⑯ 用白萝卜雕出一本卷起的书。

⑰ 将牡丹花、书、绿叶、树枝等组合起来即可。

2.12　春花秋月明（掏刀牡丹）

① 用大号U形戳刀戳下一块废料。

② 用同一把刀戳下花瓣的一半。

③ 将原料反转过来，从另一侧将花瓣戳下来。

④ 用手刀将花瓣修成齿状。

⑤ 共戳出大小花瓣19片。

⑥ 雕一球状花心插在牙签上，然后用502胶水粘上第一层4片花瓣。

⑦ 粘上第二层五片花瓣。

⑧ 粘上第三层五片花瓣。

⑨ 粘上第四层五片花瓣。

⑩ 用南瓜戳出细丝，粘在花心部。

⑪ 胡萝卜切成薄片，雕出窗子；白萝卜雕成圆月。

⑫ 将牡丹花、圆月、小窗、蝴蝶、绿叶、云彩等组装在一起即可。

2.13 春风十里（牡丹花5）

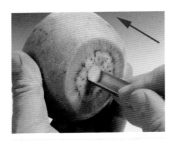

① 在半个心里美萝卜的顶部戳一个三分之二深的圆洞。

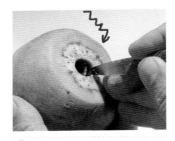

② 用手刀在洞的侧面雕出齿状花瓣。

③ 剔去花瓣旁边的废料。

④ 雕出下一片齿状花瓣（与前一片略有重叠）。

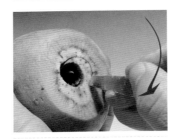

⑤ 雕出第一层三片花瓣后，剔半周废料。

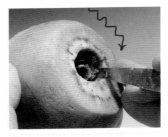

⑥ 雕出第二层齿状花瓣。

⑦ 如此雕出第二层、第三层花瓣。

⑧ 从第三层开始，剔出波浪式废料。

⑨ 雕出波浪式花瓣。

⑩ 再剔出波浪式废料。

⑪ 雕出第四层波浪式花瓣。

⑫ 如此雕出第五层、第六层花瓣。

13 用胡萝卜雕出小花心。

14 将胡萝卜花心粘在牡丹花中央。

15 在南瓜厚片上画一个圆。

16 雕出圆环。

17 将圆环削光滑，用砂纸略打磨。

18 将牡丹花、圆环、绿叶组装在一起即可。

2.14　天涯共此时（月季花1）

① 心里美萝卜切下一半。

② 手刀向着萝卜根的方向切出五个平的切面。

③ 用手刀将切面的边缘修圆滑。

④ 切出一片圆形花瓣，注意花瓣的边缘部分要薄。

⑤ 用手指将花瓣边缘卷弯曲。

⑥ 如此雕出第一层花瓣，然后剔下两片花瓣间的废料。

⑦ 用手刀将切面边缘修成圆形。

⑧ 雕出第二层第一片花瓣。

⑨ 将花瓣卷弯曲后，从花瓣中间位置开始剔下一块废料。

⑩ 取下废料。

⑪ 在切面上修出圆形。

⑫ 沿圆形边缘雕出一片花瓣（与前一片花瓣略重叠）。

⑬ 将花瓣压弯曲。

⑭ 如此雕出第二层五片花瓣。

⑮ 继续在两花瓣间剔废料。

⑯ 在切面上修出圆形。

⑰ 雕出第三层花瓣。

⑱ 如此雕出第三层五片花瓣。

⑲ 雕出第四层四片花瓣。

⑳ 雕出第五层三片花瓣。

㉑ 用绿萝卜雕出月牙。

㉒ 将月季花、月牙、蝴蝶、绿叶等组合在一起即可。

2.15 花开富贵（月季花2）

① 胡萝卜切段。

② 用大型刀将胡萝卜修成半球状。

③ 切下五片废料，切出五个圆形切面。

④ 雕出五片圆形花瓣。

⑤ 剔下两片花瓣间的废料。

⑥ 取下废料。

⑦ 在切面上直接雕出圆形花瓣。

⑧ 从花瓣中间位置开始剔下一块废料。

⑨ 如此重复，雕出第二层五片花瓣。

⑩ 如此雕出第三层五片花瓣。

⑪ 雕出第四层四片花瓣。

⑫ 雕出第五层三片花瓣。

⑬ 绿萝卜切大厚片，黏结，画出圆形。

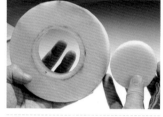

⑭ 雕出圆环。

⑮ 雕出圆环边上的线。

⑯ 另取绿萝卜薄片，雕成镂空圆窗，镶在圆环中间。

⑰ 萝卜皮雕出花边，粘在圆环上；戳出几个装饰用的圆孔。

⑱ 另雕花枝、绿叶，将雕好的花组装上即可。

2.16 惜缘（山茶花1）

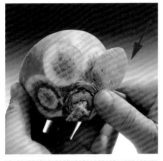

① 取半个心里美萝卜，用手刀切出五个圆形平面。

② 用手刀在平面上划出花瓣的形状。

③ 雕出第一片花瓣。

④ 如此重复，雕出第一层五片花瓣。

⑤ 剔去两片花瓣之间的废料。

⑥ 取下废料。

⑦ 在两片花瓣之间的切面上，划出花瓣的形状。

⑧ 雕出第二层第一片花瓣。

⑨ 剔下相邻的废料。

⑩ 如此重复雕出第二层五片花瓣。

⑪ 剔下半周废料。

⑫ 在切面上修出圆形花瓣轮廓。

⑬ 雕出第三层第一片圆形花瓣。

⑭ 剔下相邻的废料。

⑮ 如此雕出第三层五片圆形花瓣。

⑯ 雕出第四层四片圆形花瓣。

⑰ 雕出第五层三片圆形花瓣。

⑱ 取绿萝卜皮，雕成绿叶。

⑲ 在萝卜皮上雕出一个"缘"字，片下来。

⑳ 切一块绿萝卜方形厚片做背景，将山茶花、绿叶组装上即可。

2.17 永结同心（双心月季）

① 心里美萝卜一剖两半，用手刀在球面上切下一圆形切面。

② 依次切出五个圆形切面。

③ 用手刀将圆形切面的边缘削圆滑。

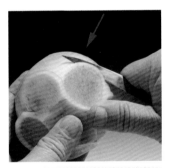

④ 雕出五个圆形花瓣。

⑤ 剔下两片花瓣之间的废料。

⑥ 用手刀在两片花瓣之间的切面上修出圆形。

⑦ 旋出圆形花瓣。

⑧ 继续剔废料，修圆形，旋花瓣，如此重复。

⑨ 雕出第二层五片圆形花瓣。

⑩ 再雕出第三层五片圆形花瓣。

⑪ 将花心部分分成两个半圆形。

⑫ 按雕月季花的方法雕出一个半圆形的花心。

⑬ 再雕出另一个花心。

⑭ 将南瓜切厚片，雕出心形环。

⑮ 再将绿萝卜切厚片，雕出心形环。

⑯ 将双心月季花、心形环、绿叶组合在一起，再雕一支箭即可。

2.18 菊花香扇

① 半个心里美萝卜，用大型刀削成半球状。

② 用小U形戳刀戳出一弯曲的花瓣，戳到根部时要将刀压一下，使花瓣根部稍粗。

③ 如此戳出第一圈花瓣。

④ 剔去一圈废料。

⑤ 再将原料顶部切下一片。

⑥ 将花瓣根部的废料剔干净。

⑦ 戳出第二层花瓣。

⑧ 再剔一圈废料。

⑨ 取下废料。

⑩ 在原料顶部切下一片，然后
将花瓣根部废料剔净。

⑪ 戳出第三层花瓣。

⑫ 将花心修成球状。

⑬ 戳出第四层花瓣。

⑭ 如此戳出第五层和第六层花
瓣。

⑮ 白萝卜切厚片，雕成扇形。

⑯ 胡萝卜雕出扇子边和扇骨，
并雕出折痕。

⑰ 绿萝卜雕成飘带。

⑱ 将菊花、扇子、飘带组装在
一起即可。

2.19 旋风菊

① 取半个心里美萝卜，在球面上削出几个螺旋形的切面。

② 用V形戳刀戳出螺旋走向的花瓣。

③ 戳出一圈花瓣。

④ 剔下一圈废料。

⑤ 将花瓣根部的废料剔干净。

⑥ 再在原料顶部切下一片原料。

⑦ 戳出第二层花瓣。

⑧ 再剔一圈废料，将花瓣根部废料剔净。

⑨ 再在原料顶部切下一片。

⑩ 戳出第三层花瓣。

⑪ 将花心部分修成球形。

⑫ 戳出第四层花瓣。

⑬ 再将花心修成更小的球形。

⑭ 戳出第五层花瓣。

⑮ 戳出第六层花瓣。

⑯ 直至花心没有余料即可。

⑰ 绿萝卜雕出一个玉米，将旋风菊与玉米组合在一起即可。

2.20 长长久久（掏刀菊花）

① 用U形掏刀在萝卜表面先掏下一条废料。

② 再掏出一条槽状花瓣。

③ 如此掏出长短不一的花瓣若干条。

④ 雕出一小球插在牙签上做花心，粘上一层最短的花瓣。

⑤ 再粘上一层稍长的花瓣。

⑥ 再粘上一层花瓣。

⑦ 共粘上五六层花瓣。

⑧ 绿萝卜雕花瓶，修出瓶口，将表面削光滑。

⑨ 将菊花、花瓶组装在一起，另雕树枝插入瓶口即可。

2.21　一生缘（玫瑰花1）

① 取形状较长的心里美萝卜，横切开。

② 将萝卜修成水杯状坯子。

③ 修出尖形的花瓣轮廓。

④ 用手刀雕出薄薄的花瓣。

⑤ 用手指将花瓣向外卷起。

⑥ 从花瓣中间位置开始向旁边剔废料。

⑦ 再修出尖形花瓣轮廓。

⑧ 雕出第二片花瓣。

⑨ 再将花瓣边缘向外卷起。

⑩ 如此雕出第三片花瓣。

⑪ 再雕出第四片花瓣。

⑫ 再剔废料。

⑬ 再雕花瓣，如此重复雕出第二层、第三层花瓣。

⑭ 直至收心。然后将每一片花瓣向外卷起。

⑮ 将两片南瓜粘在一起，画出心形。

⑯ 雕出心形。

⑰ 将玫瑰花与心形、绿叶组装在一起即可。

2.22　花桥流水（玫瑰花2）

① 心里美萝卜一剖两半。

② 在切面上划出第一片花瓣。

③ 将花瓣上面修成两边尖的橄榄形。

④ 沿花瓣边缘雕出翻卷的一半花瓣。

⑤ 取下废料。

⑥ 再用同样方法雕出翻卷花瓣的另一半。

⑦ 取下废料。

⑧ 用拉刻刀掏出花瓣边缘多余的原料。

⑨ 用手刀将花瓣根部修圆滑。

⑩ 划出第二片花瓣。

⑪ 用同样方法雕出向外翻卷的第二片花瓣。

⑫ 将花瓣根部修圆滑。

⑬ 同样方法雕出第三片、第四片、第五片花瓣。

⑭ 将花瓣根部修圆滑。

⑮ 剔去两花瓣间的废料。

⑯ 雕出第二层第一片花瓣。

⑰ 再剔废料，再雕花瓣。

⑱ 如此重复雕出第二层、第三层花瓣，直至收心。

⑲ 南瓜切厚片，雕出小桥雏形。

⑳ 雕出桥栏杆、桥洞、石缝。

㉑ 用白萝卜雕一圆月，将玫瑰花、圆月、小桥组合在一起即可。

2.23　爱你一辈子（玫瑰花3）

① 心里美萝卜切出较高的花坯。

② 用大号U形戳刀在花坯侧面戳出圆形凹槽。

③ 用手刀将花瓣外面修光滑，使花瓣外翻。

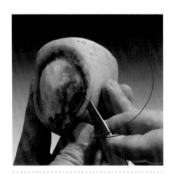

④ 用手刀将花瓣边缘雕出。

⑤ 再起刀将整个花瓣雕出。

⑥ 再用大号U形戳刀戳出第二个花瓣凹槽。

⑦ 用手刀将花瓣外面修光滑。

⑧ 雕出花瓣边缘。

⑨ 再雕出整个花瓣，如此再雕出第三片花瓣。

⑩ 剔下两片花瓣间的废料。

⑪ 雕出第二层第一片圆形花瓣。

⑫ 再剔废料，雕出第二层第二片花瓣。

⑬ 如此重复，雕出第二层三片花瓣和第三层三片花瓣。

⑭ 直至收花心。

⑮ 绿萝卜雕成圆柱体。

⑯ 挖空废料，雕出杯子形。

⑰ 粘上手柄。

⑱ 将玫瑰花插在杯子中，配上绿叶即可。

2.24 蒸蒸日上（葵花）

① 用圆形拉刻刀在南瓜表面先掏下一块废料。

② 再掏出凹型花瓣。

③ 共掏出花瓣约40片左右。

④ 绿萝卜雕出较大的花心。

⑤ 戳出花心表面上的花纹。

⑥ 粘上第一层花瓣。

⑦ 粘上第二层花瓣。

⑧ 再粘上第三层花瓣。

⑨ 白萝卜雕出两个方框。

⑩ 将葵花、方框、叶子组装在一起，配上太阳、云彩即可。

2.25 报恩（康乃馨）

① 心里美萝卜切成较高的坯子。

② 将坯子修成蘑菇形。

③ 用手刀雕出六个弧形底面。

④ 用抖刀法雕出齿状花瓣。

⑤ 在两片花瓣之间剔废料。

⑥ 雕出第二层齿状花瓣。

⑦ 如此重复，雕出第三层齿状花瓣。

⑧ 雕出第四层、第五层齿状花瓣。

⑨ 直至收心。

⑩ 绿萝卜雕出方形镜框。

⑪ 南瓜雕出水罐。

⑫ 把康乃馨花、镜框、水罐组合在一起即可。

2.26   知音（玉兰花、小提琴）

① 南瓜切厚片，画出小提琴形状。

② 雕出小提琴大形。

③ 粘上琴头，将表面修光滑。

④ 拉出琴边装饰线。

⑤ 雕出琴弦、音孔，粘上琴挡。

⑥ 粘上琴钮。

⑦ 白萝卜雕成漏斗形的坯子。

⑧ 在棱上先切下一条废料。

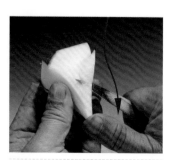

⑨ 雕出花瓣。

⑩ 雕出第一层四片花瓣。

⑪ 将原料翻过来拿在手中，从花瓣根部开始剔废料，修出第二级坯子。

⑫ 在第二级坯子的棱上切下一条废料。

⑬ 雕出花瓣，如此重复雕出第二层四片花瓣。

⑭ 雕出第三级坯子。

⑮ 雕出第三层花瓣。

⑯ 将花心部分原料剔掉。

⑰ 胡萝卜雕出小花心，粘在玉兰花中。

⑱ 将玉兰花、小提琴组装在一起，配上叶子、树枝即可。

2.27 梳妆台（山茶花2）

① 绿萝卜切成长方形梳妆台，手刀雕出抽屉。

② 将抽屉拉出来。

③ 将抽屉雕空，放回原位。

④ 另用萝卜雕出镜框粘在梳妆台上。

⑤ 心里美萝卜削成半球状。

⑥ 在底部削一圈废料。

⑦ 用手刀在底面划出三个圆花瓣。

⑧ 雕出花瓣。

⑨ 剔去一圈废料。

⑩ 同样方法雕出第二层三片花瓣。

⑪ 剔废料后，划出第三层圆形花瓣。

⑫ 如此雕出第三层、第四层花瓣，直至收心。

⑬ 将雕好的山茶花固定在梳妆台上，配上叶子，再用胡萝卜等雕出香水瓶、口红即可。

2.28 岁岁平安（麦穗）

① 南瓜切长方形条。

② 用拉刻刀在四个面上拉出槽。

③ 用手刀雕出一粒粒的麦粒。

④ 在四条棱上雕满麦粒。

⑤ 在麦穗顶端雕一粒立起的麦粒。

⑥ 牙签剖成细丝，插在麦粒上。

⑦ 取一个绿萝卜，雕出花瓶雏形。

⑧ 将瓶口雕成波浪形。

⑨ 将花瓶修细修光滑。

⑩ 按前面的章节雕出葵花，将麦穗、花瓶、葵花组装在一起即可。

2.29 连心锁

① 在圆柱形南瓜的中间画出四个一样大小的长方形。

② 沿黑线雕出一块四分之一圆柱的废料。

③ 将另三块废料雕出来。

④ 在相对的位置上修圆棱角。

⑤ 将中间的原料剔出来。

⑥ 雕出两个套在一起的锁环。

⑨ 完成。

⑦ 将圆形锁身修成扁形锁身。

⑧ 用U形刀和手刀在锁身上雕出心形。

2.30 路在脚下

① 南瓜切厚片，画出鞋形。

② 雕出鞋的大形。

③ 将鞋修光滑。

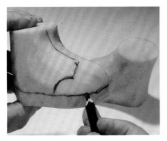

④ 画出鞋底、鞋帮。

⑤ 雕出鞋底和鞋帮。

⑥ 将鞋中的原料挖空。

⑦ 将鞋帮与鞋脸分开。

⑧ 雕出鞋带孔。

⑪ 完成。

⑨ 戳出鞋底上的竖纹。

⑩ 用拉刻刀在南瓜表面上拉出细丝做鞋带，穿在孔中。

2.31 流星锤

① 胡萝卜切长方形片。

② 在长方形片的两侧各切入三分之一深。

③ 用手刀竖着切若干个刀口（刀要插透原料）。

④ 间隔着切下一块废料。

⑤ 将胡萝卜片旋转过来，再间隔着剔废料。

⑥ 在胡萝卜片的另一面上，间隔着剔废料。

⑦ 在另一侧也间隔着剔下一小块废料。

⑧ 此时胡萝卜片成了两个套在一起的梯子形状。

⑨ 将梯子的每一个横格一剖为二切开。

⑩ 再将另一个梯子的每个横格一剖为二切开。

⑪ 如此即雕出了链子。

⑫ 胡萝卜切四方形块。

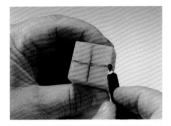

⑬ 在一个面上画十字线。

⑭ 在每个侧面上部四分之一部分画"人"字线。

⑮ 从上面十字线开始，沿侧面黑线切一刀，将原料在平面上旋转90度再切一刀，一个平面上共切四刀。

⑯ 每一个面上都这样切四刀，一共切24刀。

⑰ 将一个角上的废料拿掉。

⑱ 如此将每一个角上的废料拿掉。

⑲ 与链子粘在一起即可。

2.32　玉饺核桃

① 绿萝卜雕成半圆形厚片。

② 将圆边修薄。

③ 在底部两侧各切一点废料。

④ 用拉刻刀拉出饺子的皱褶。

⑤ 用手刀将饺子边修成齿状。

⑥ 再修成前后波动状。

⑦ 胡萝卜修成球状，然后用小U形戳刀戳出槽。

⑧ 用手刀雕出核桃上的裂纹。

⑨ 用小号圆拉刻刀在表面拉出小坑。

⑩ 绿萝卜雕成壶状。

⑪ 粘上壶嘴和手柄。

⑫ 另用白萝卜雕一个盘子即可。

2.33　长寿面

① 切下一南瓜底部。

② 挖空瓜瓤。

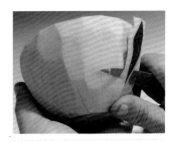

③ 削去表皮。

④ 雕出碗底。

⑤ 将碗内修薄修光滑。

⑥ 用白萝卜雕出面条大形，用拉刻刀拉出表面上的线条。

⑦ 将一个半球形南瓜粘在白萝卜片上做荷包蛋。

⑧ 将荷包蛋边缘雕薄雕出齿状。

⑨ 另雕一双筷子，粘在面条上即可。

2.34　包子花卷

① 取一段南瓜，削皮。

② 雕出包子的大形。

③ 雕出顶上的小坑。

④ 雕出侧面上的褶。

⑤ 取一段地瓜，削皮。

⑥ 雕出侧面上的褶。

⑦ 雕出花卷各个面上的褶。

⑧ 将白萝卜和绿萝卜粘在一起，削成圆柱。

⑨ 雕出杯子的形状。

⑩ 将绿萝卜部分挖空。

⑬ 将雕好的包子、花卷、豆浆杯放在一个萝卜雕的盘中，粘上用白萝卜雕的水花和勺即可。

⑪ 取一绿萝卜，雕出小勺的形状。

⑫ 将小勺挖空。

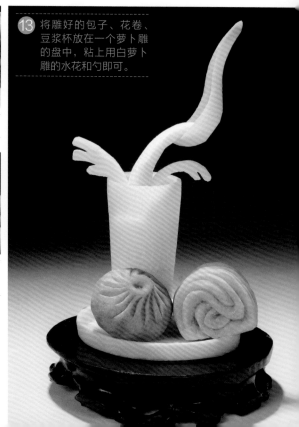

2.35 白菜蝈蝈

① 用绿萝卜的根部雕出白菜根部。

② 雕出一片白菜叶的轮廓。

③ 同样方法雕出另外两片叶子轮廓。

④ 从叶子的外缘雕出翻卷状。

⑤ 再从叶子的内部雕出翻卷状。

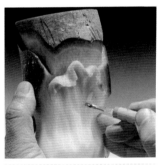

⑥ 用拉刻刀拉出叶子上的槽纹。

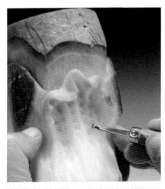

⑦ 再在槽纹里拉出若干个小坑。

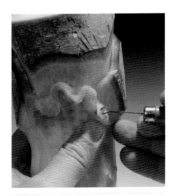

⑧ 在叶子的另一面也雕出槽纹和小坑。

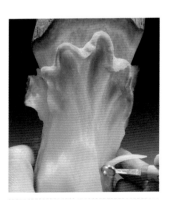

⑨ 同样方法雕出另一片翻卷的叶子。

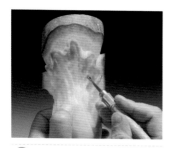

⑩ 挖出小坑。

⑪ 雕完第一层叶子后，再雕出第二层叶子。

⑫ 同样方法拉出叶子上的槽纹和小坑。

⑬ 用雕牡丹花瓣的方法雕出第三层叶子。

⑭ 剔废料、雕叶片，如此重复。

⑮ 直至收心。

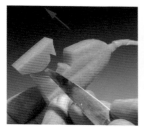

⑯ 胡萝卜切厚片，雕出蝈蝈的大形。

⑰ 雕出蝈蝈的头、颈、翅膀、身体。

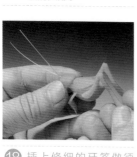

⑱ 插上修细的牙签做须子，粘上小腿和大腿。

⑲ 完成。

2.36 高跟鞋

① 绿萝卜切厚片，在侧面上画出鞋子的轮廓。

② 雕出鞋面。

③ 在鞋跟部粘上一块原料，雕出鞋跟。

④ 将鞋面削光滑，雕出鞋底。

⑤ 用拉刻刀挖净鞋中的废料。

⑥ 在鞋面上雕出镂空的心形图案。

⑦ 用拉刻刀拉出小花瓣，粘在胡萝卜柱上。

⑧ 将胡萝卜柱截短做花心。

⑨ 将小花粘在鞋面上即可。

⑩ 完成。

2.37　老井

① 南瓜切段。

② 挖净瓜瓤，削去表皮。

③ 雕出砖缝。

④ 雕出井架。

⑤ 用胡萝卜雕出辘轳。

⑥ 粘上摇把。

⑦ 胡萝卜雕出小水桶。

⑧ 雕出水桶横梁。

⑨ 将水桶挖空。

⑩ 拉出水桶表面的纹。

⑪ 将井架粘在井上。

⑫ 将南瓜皮拉成细丝做井绳，一头缠在辘轳上，一头粘在水桶上即可。

2.38　幸福来敲门

① 萝卜切厚片，在侧面上画出拳头和手臂大形。

② 画出大拇指形状。

③ 雕出拳头手臂大形。

④ 雕出大拇指和另外四指的雏形。

⑤ 削去棱角，雕出指缝。

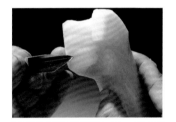

⑥ 进一步修圆滑。

⑦ 雕出指甲。

⑧ 用胡萝卜雕出一个锤子。

⑨ 从两端将胡萝卜锤子插入拳中。

⑩ 用胡萝卜雕出两根飘带，粘上即可。

2.39 秀色

① 南瓜切厚片，在侧面上画出腿和脚的轮廓。

② 雕出腿的上部。

③ 雕出左腿的下部曲线。

④ 将左右腿分开。

⑤ 将左腿修圆滑，雕出踝骨。

⑥ 雕出右腿和右脚。

⑦ 将右腿和右脚修圆滑，雕出踝骨。

⑧ 将脚拇趾与其他四趾分开，在四趾上面雕出两个台阶。

⑨ 将四趾分开。

⑩ 雕出另一只脚，雕出趾甲。

⑪ 雕出树墩。

⑫ 完成。

2.40 丰收（花生、玉米、篮子）

① 南瓜削皮，画出篮子形状。

② 切掉废料，挖净瓜瓤。

③ 戳出横纹。

④ 戳出篮子口和横梁上的纹。

⑤ 戳出篮子身上的横纹。

⑥ 将篮身横纹竖着分为若干段，用U形戳刀反扣着雕出凹陷的效果。

⑦ 再将横纹一分为二。

⑧ 用手刀剔净余料。

⑨ 胡萝卜表面戳出若干条顺着的纹。

⑩ 用小U形戳刀扣过来戳出玉米粒的半个面。

⑪ 将胡萝卜反过来拿，再戳出另一行玉米粒的半个面。

⑫ 取下余料。

⑬ 如此重复,即可雕出整个玉米。

⑭ 白萝卜切厚片,画出花生的形状。

⑮ 雕出花生大形。

⑯ 将花生修圆滑。

⑰ 用U形戳刀戳出表面的凹槽。

⑱ 用小圆形掏刀在槽上挖出若干个小圆坑。

⑲ 将花生一剖两半。

⑳ 将花生中央挖空。

㉑ 用胡萝卜雕出花生米,镶在花生中。

㉒ 将玉米、花生放在篮子中,另雕玉兰花、蝈蝈放在上面即可。

2.41 椰子树

① 用大号V形戳刀在萝卜表面戳出V形槽。

② 用双线拉刻刀在槽的侧面拉出树叶纹路。

③ 从槽口两侧下刀雕叶片。

④ 取下叶子。

⑤ 雕出叶子若干片（一棵树约九片叶子）。

⑥ 取胡萝卜雕出树干。

⑦ 粘上第一层叶子。

⑧ 再粘上第二层和第三层叶子。

⑨ 用南瓜雕出小船。

⑩ 最后用胡萝卜雕几颗椰子粘上即可。

2.42 岁月如歌

① 绿萝卜削皮，然后画出浪花。

② 用手刀雕出浪花轮廓。

③ 将浪花周围的原料剔掉。

④ 将浪花从萝卜上雕下来修整形状。

⑤ 在后面粘上一片浪花，目的是使浪花能立住。

⑥ 在侧面粘上一片浪花，使浪花更美观。

⑦ 用胡萝卜雕出水杯的大形。

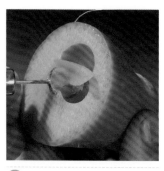

⑧ 用拉刻刀挖空杯中废料。

⑨ 将杯子修薄修光滑。

⑩ 粘上杯子柄。

⑪ 切一段胡萝卜，修圆滑，做闹钟的表盘。

⑫ 将表盘挖出一个圆槽。

⑬ 切一片白萝卜镶入表盘，另雕出铃铛、提手和三只腿粘上。

⑭ 南瓜皮雕出指针粘上，画出时间刻度。

⑮ 将水杯、浪花、闹钟组合在一起，另用南瓜皮雕几个音符粘在浪花上即可。

2.43　故园之恋

1　大萝卜一剖两半。

2　切出几个厚片。

3　将萝卜片切成长方形，粘在一起。

4　雕出半圆形门洞。

5　取绿萝卜雕出房檐。

6　戳出房檐上的槽。

7　用胡萝卜雕出两个半圆形窗。

8　将墙、房檐、窗组装在一起即可。

2.44 爱的火苗

① 白萝卜雕成圆柱。

② 从一侧将圆柱挖空。

③ 用胡萝卜雕出圆柱形蜡烛。

④ 蜡烛的粗细以能插入白萝卜为准。

⑤ 将白萝卜的顶端戳略凹陷。

⑥ 在白萝卜侧面雕出滴淌的蜡油状。

⑦ 将蜡油状萝卜套在胡萝卜圆柱上。

⑧ 再雕一个这样的蜡烛。

⑨ 绿萝卜雕出烛台的大形。

⑩ 戳出烛台中间的圆球。

⑪ 将烛台修光滑。

⑫ 胡萝卜片雕出火苗。

⑬ 完成。

2.45　报喜鸟（喜鹊）

① 绿萝卜切成如图大形。

② 将顶部雕成立柱。

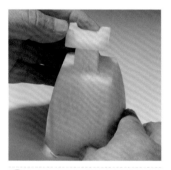

③ 另雕出卡座粘在上面。

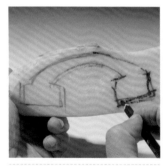

④ 在萝卜厚片上画出话筒形状。

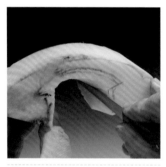

⑤ 雕出话筒大形。

⑥ 将棱角修光滑，将话筒与手柄连接处修细。

⑦ 戳出装饰的凹槽。

⑧ 将绿萝卜雕成两个同样大小的圆片，粘在一起作拨号盘，戳出圆孔。

⑨ 将拨号盘、话筒粘在话机身上。

⑩ 将一段方形萝卜切蓑衣刀，再修圆，制成电话线，粘在电话机上。

⑪ 胡萝卜从一侧切出"S"形废料。

⑫ 再从另一侧切出"W"形废料。

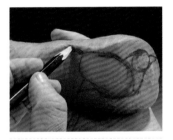

⑬ 在侧面上画出鸟的大形。

⑭ 先用手刀雕出鸟类的上部曲线。

⑮ 再雕出鸟的腹部和腿部，留出嘴部不雕。

⑯ 削去身体上的棱角。

⑰ 斜刀将嘴的上部两侧棱角削去，雕出上嘴线。

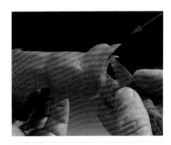

⑱ 同样方法雕出下嘴线。

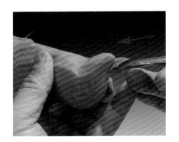

⑲ 戳出鼻孔和舌头。

⑳ 戳出眼睛和嘴角部肌肉，拉出细毛。

㉑ 用拉刻刀拉出第一层尾巴，然后将下面的废料剔掉。

㉒ 另取两块三角形原料做翅膀，拉出双线。

㉓ 用手刀先雕出复羽，然后雕出初级飞羽。

㉔ 在初级飞羽下面剔下一层废料后，用U形戳刀戳出次级飞羽。

㉕ 在翅膀的背面雕出复羽和一层飞羽。

㉖ 另取一块胡萝卜雕出长尾。

㉗ 将长尾粘在短尾下面。

㉘ 将翅膀粘在鸟身上。

㉙ 将小鸟用牙签固定在电话上，另雕两只腿爪粘上即可。

2.46 天鹅

① 绿萝卜切成上窄下宽的楔形坯子。

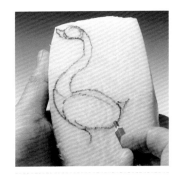

② 在侧面上画出天鹅大形。

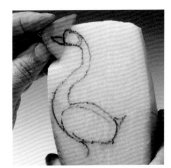

③ 在嘴的部位粘上一小块胡萝卜。

④ 用手刀雕出天鹅大形。

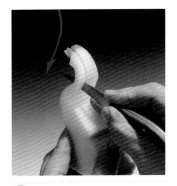

⑤ 从脖子的一侧下刀切废料至尾部，边走刀边将刀刃转平（另一侧亦同）。

⑥ 再从脖子侧面下刀至胸腹部，边走刀边将刀刃变斜，切至腿部（另一侧亦同）。

⑦ 将尾部修尖。

⑧ 将棱角修圆滑。

⑨ 削掉嘴两侧上下两个棱。

⑩ 剖开嘴。

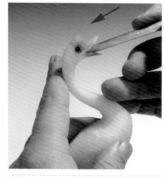

⑪ 用小V形戳刀戳出鼻孔和舌头。

⑫ 将第一步切下的萝卜皮修成两个猪腰子形。

⑬ 用拉刻刀拉出双线，用手刀雕出复羽。

⑭ 用U形戳刀戳出初级飞羽。

⑮ 在初级飞羽底下剔一层废料后戳出次级飞羽。

⑯ 将翅膀背面修薄修光滑，然后雕出复羽。

⑰ 将翅膀粘在天鹅身上，另雕一只天鹅，配上云、草即可。

2.47 福在眼前

① 用手刀在胡萝卜侧面雕下一 "S" 形废料。

② 在胡萝卜另一侧雕下 "W" 形废料。

③ 在侧面上画出小鸟的大形。

④ 用手刀雕出小鸟大形。

⑤ 将身体棱角修圆滑。

⑥ 将嘴左上、左下、右上、右下四个棱削掉，使嘴成菱形锥体。

⑦ 将嘴剖开。

⑧ 用U形戳刀戳出眼窝和嘴角肌肉。

⑨ 戳出眼睛、鼻孔和舌。

⑩ 用拉刻刀拉出细毛。

⑪ 用手刀雕出翅膀上的复羽和初级飞羽。

⑫ 雕出次级飞羽。

⑬ 用小V形戳刀戳出一圈短尾，然后将尾下废料去掉。

⑭ 用胡萝卜雕出一长尾。

⑮ 将长尾粘在短尾下。

⑯ 取一段牛腿瓜削皮。

⑰ 戳出年轮纹。

⑱ 雕出侧面上的树皮。

⑲ 雕出斧头。

⑳ 从两侧插入斧柄。

㉑ 在树墩上面切一"V"形槽，插入斧头，粘牢。

㉒ 将鸟用牙签固定在斧头上，另雕爪粘上即可。

2.48 功名富贵（公鸡）

①　南瓜从两侧各切一刀，修成楔形坯子。

②　在侧面上画出公鸡的大形。

③　先用手刀雕出公鸡的嘴、胸、腹、腿部曲线。

④　再雕出背部曲线。

⑤　从头侧向后背尾部削一刀棱角，再从头侧向胸腹腿部削一刀棱角。

⑥　雕出鸡冠。

⑦　将嘴的四个棱修掉，修成菱形锥体。

⑧　雕出嘴。

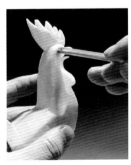

⑨　戳出眼睛。

⑩　用牙签在鸡冠、肉坠上插出若干小孔。

⑪　拉出脖子上的毛。

⑫　用手刀雕出翅膀上的复羽。

13 用U形戳刀戳出两层飞羽。

14 用小V形戳刀戳出一层短尾。

15 将短尾后面的废料剔掉。

16 雕出一只腿，另一只腿的部分挖掉。

17 另雕一只抬起的腿粘上。

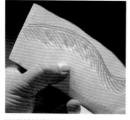

18 在南瓜上用拉刻刀拉出一条尾。

19 用手刀将尾片下。

20 将几片长尾粘在短尾下面。

21 另雕几条细尾粘上，配上云、太阳、牡丹花即可。

2.49 双鹤朝阳

① 绿萝卜切成楔形坯子。

② 在侧面上画出扬头的仙鹤大形。

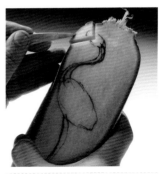

③ 在嘴部雕出一"V"形口。

④ 粘上胡萝卜嘴。

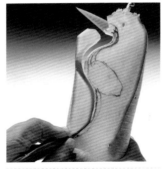

⑤ 雕出鹤的颈、腹、腿曲线。

⑥ 雕出后背曲线。

⑦ 从头侧面向后背尾部去棱角废料，刀逐渐转平（另一侧亦同）。

⑧ 刀再从头侧面向胸、腹、腿部去棱角废料，刀逐渐变成45度角（另一侧亦同）。

⑨ 从左右两侧下刀将臀部收细。

⑩ 将上嘴的左右侧棱削掉。

⑪ 再将下嘴的左右侧棱削掉。

⑫ 将嘴剖开，剔去嘴中间废料。

⑬ 用小V形戳刀戳出鼻孔和舌头。

⑭ 戳出眼睛，安上仿真眼。

⑮ 用U形戳刀戳出身上羽毛，再用V形戳刀戳出一层尾巴。

⑯ 剔下尾下的一层废料。

⑰ 再戳出一层尾巴，将尾下原料修成山石形。

⑱ 简单雕出双腿。

⑲ 将第一步时切下的萝卜边皮修成三角形。

⑳ 削去老皮后用拉刻刀拉出双线。

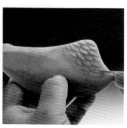

㉑ 雕出复羽。

㉒ 用U形戳刀戳出初级飞羽。

㉓ 将飞羽下面的一层废料剔下。

㉔ 戳出次级飞羽。

㉕ 将翅膀背面修薄，雕出复羽。

26 另将一个萝卜切成楔形坯子，然后在侧面画出低头仙鹤的大形。

27 换上胡萝卜嘴。

28 雕出颈、腹、腿部曲线。

29 雕出背部曲线。

30 像上一只仙鹤一样，将身体修圆滑。

33 将两只鹤组装在一起，配上云彩、松叶和太阳即可。

31 雕出嘴、眼，戳出身上羽毛和尾部。

32 粘上翅膀。

2.50 白鹭

① 萝卜切楔形坯子。

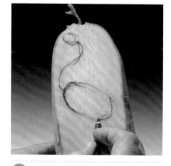

② 在坯子侧面画出白鹭的头、身、颈。

③ 再画出头翎、颈、腿。

④ 粘上胡萝卜嘴，雕出头翎。

⑤ 雕出颈、腹、腿曲线。

⑥ 雕出后背部曲线。

⑦ 同前面雕鹤一样，在身体的左上、左下、右上、右下四刀将身体修圆，再将尾部修细。

⑧ 进一步将身体脖子修圆滑。

⑨ 给嘴部倒棱，修成菱形锥体。

⑭ 雕出翅膀粘上，配上荷花、小草即可。

⑩ 剖开嘴，用刀刃将嘴角撬开。

⑪ 用小V形戳刀戳出鼻孔和舌头。

⑫ 用拉刻刀拉出第一层尾。

⑬ 剔下一层废料后用V形戳刀戳出第二层尾巴，将尾下原料修成山石，雕出腿。

2.51　回头鹤

① 绿萝卜先切下一厚片。

② 如图切下一"V"形废料。

③ 画出鹤的头和颈子。

④ 粘上胡萝卜嘴。

⑤ 雕出头颈部。

⑥ 在新完成的切面上画出身体和腿。

⑦ 雕出身体和腿部轮廓。

⑧ 将脖颈部和身体修圆。

⑨ 给嘴倒棱，剖开嘴部。

⑩ 戳出眼睛、鼻孔、舌头。

⑪ 用U形戳刀戳出身上羽毛。

⑫ 用V形戳刀戳出两层尾巴。

⑬ 将尾下原料雕成山石，简单地雕出腿部。

⑭ 取一厚片修成三角形，拉出双线。

⑮ 雕出复羽。

⑯ 用U形戳刀戳出初级飞羽，然后剔下一层废料。

⑰ 戳出次级飞羽。

⑱ 将翅膀背面修薄修光滑。

⑲ 雕出背面的复羽和飞羽。

⑳ 雕出另一片翅膀，将翅膀粘在身上，配上云彩和太阳即可。

2.52　孔雀（简易版）

① 南瓜切成椅背形坯子。

② 在椅背上画出孔雀的头部和颈部。

③ 用手刀雕出头、颈部。

④ 将身体两侧的废料切掉。

⑤ 在侧面上画出身体和腿形。

⑥ 雕出背部和腿部，一腿直立、一腿抬起。

⑦ 将右侧身体修圆滑。

⑧ 再将左侧腹部、腿部的余料去掉。

⑨ 将臀部收细。

⑩ 先修出下颏，然后将颈部和身体修圆滑。

⑪ 给嘴部倒棱，使嘴部变成菱形锥体。

⑫ 将嘴剖开。

⑬ 雕出眉骨和眼睛，装上仿真眼。

⑭ 雕出脖颈部羽毛。

⑮ 再雕出后背部羽毛。

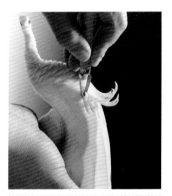

⑯ 用拉刻刀拉出第一层短尾。

⑰ 剔下一层废料。

⑱ 拉出第二层短尾。

⑲ 用中号U形戳刀戳出一块废料，然后沿原下刀位置戳出勺型翎片。

⑳ 在两个圆形翎片之间戳出细条羽毛，如此重复戳出若干层。

㉑ 雕出抬起的一条腿和直立的腿。

㉒ 将南瓜皮切成三角形。

㉓ 削去表皮后，拉出双线。

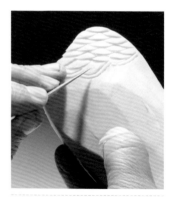

㉔ 雕出复羽。

㉕ 雕出初级飞羽后，剔下一层废料。

㉖ 戳出次级飞羽后，将翅膀背面修薄修圆滑。

㉗ 将翅膀粘在身体上，心里美萝卜切水滴形薄片粘在尾翎上。粘上头翎，在短尾和尾翎之间粘几根飘翎即可。

2.53　代代长寿（寿带鸟）

① 南瓜切成楔型坯子。

② 将雕嘴的部分两侧切薄。

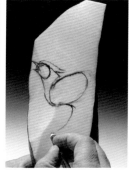

③ 画出鸟的大形。

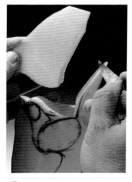

④ 雕出鸟的背部曲线。

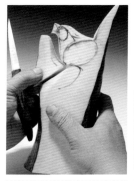

⑤ 雕出嘴、胸、腿。

⑥ 将颈、胸略修圆，在嘴两侧倒棱。

⑦ 雕出嘴。

⑧ 用小V形戳刀戳出鼻孔和舌头。

⑨ 戳出眼窝。

⑩ 戳出嘴角部肌肉。

⑪ 在头顶部拉出细毛。

⑫ 雕出头翎。

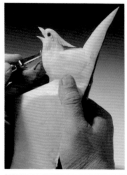

⑬ 拉出嘴下细毛。

⑭ 雕出身上羽毛。

⑮ 戳出一层短尾。

⑯ 剔去短尾后的一层废料。

⑰ 雕出腿爪。

⑱ 另取一厚片原料,在表面拉出尾上的细毛。

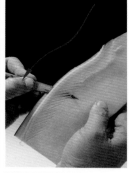

⑲ 用手刀片下尾翎。

⑳ 将长尾粘在短尾下面。

㉑ 雕出两个翅膀。

㉒ 粘上翅膀,配上花草即可。

2.54 凤凰

① 南瓜切成楔形坯子。

② 将嘴的部位切成尖形。

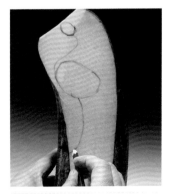
③ 侧面上画出头和身。

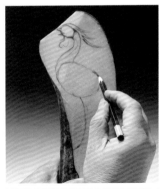
④ 再画出头翎、嘴、颈、腿。

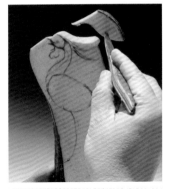
⑤ 雕出嘴、头上部曲线。

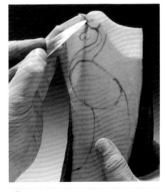
⑥ 将嘴两侧的棱切掉。

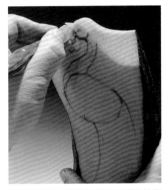
⑦ 切出上嘴线。

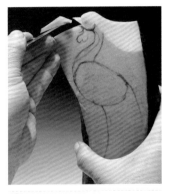
⑧ 雕出下嘴线,取下废料。

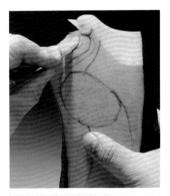
⑨ 雕出下嘴、肉坠。

⑩ 用拉刻刀在嘴角两侧拉出嘴壳。

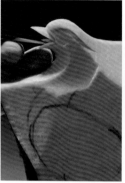

⑪ 雕出鼻孔和舌头。

⑫ 雕出颈和后背曲线。

⑬ 雕出胸、腹、腿部曲线。

⑭ 将背部棱角修掉。

⑮ 再将嘴部棱角修掉。

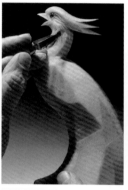

⑯ 雕出眼睛，拉出颈部细毛。

⑰ 在一块废料上拉出卷曲的毛。

⑱ 粘在脸颊下面。

⑲ 雕出身上的羽毛。

⑳ 拉出一层短尾，然后剔下一层废料。

㉑ 换V形戳刀戳出一层长尾，将尾下的废料剔掉。

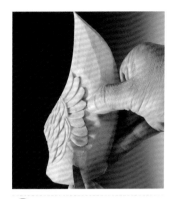

㉒ 将第一步中切下的两块余料修成翅膀形，拉出双弧线，剔下弧线外的一层废料。

㉓ 雕出复羽。

㉔ 雕出初级飞羽，然后剔下一层废料。

㉕ 戳出次级飞羽，然后将背面修薄修光滑，雕出背面复羽和飞羽。

㉖ 另取料雕出四至五片长尾翎。

㉗ 雕出一只抬起的腿、一个头翎、两个相思羽、几根飘翎。

㉘ 粘上尾翎、翅膀。

㉙ 在长尾翎缝隙间粘上飘翎，在翅膀根部粘上相思羽，再粘上头翎和腿，配上花即可。

2.55　雁南飞

① 原料切成双楔形坯子。

② 在一个楔形侧面画出一只大雁。

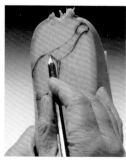
③ 在另一个楔形的侧面上画出另一只大雁。

④ 在将要雕嘴的位置上粘上胡萝卜。

⑤ 雕出一只大雁大形。

⑥ 再雕出另一只大雁大形。

⑦ 将身体和颈部修圆滑。

⑧ 将嘴部倒棱。

⑨ 将嘴剖开，戳出眼睛。

⑩ 在萝卜皮上拉出扇形尾。

⑪ 将尾插入粘牢。

⑫ 雕出山石。

13 将两块萝卜皮修成三角形,削去表皮。

14 用拉刻刀拉出复羽。

15 戳出一层飞羽。

16 将翅膀背面修薄修光滑,拉出飞羽。

17 将翅膀粘在大雁身上。

18 再雕一只大雁,配上云彩、太阳即可。

2.56　花好月圆

① 原料切成如图形坯子。

② 在侧面上先画出一条曲线。

③ 沿曲线画出鸟的头、身、嘴、腿。

④ 雕出鸟的大形（嘴的位置留出不雕）。

⑤ 将身体修圆滑，尾部收细。

⑥ 将嘴的左上、左下、右上、右下的棱倒掉。

⑦ 画出张开的嘴。

⑧ 雕出嘴。

⑨ 用小V形戳刀戳出鼻孔和舌头。

⑩ 戳出眼窝和嘴角部肌肉。

⑪ 拉出细毛。

⑫ 雕出尾部。

⑬ 拉出大腿上的细毛。

⑭ 取两块南瓜皮,雕成翅膀形状。

⑮ 雕出复羽、飞羽。

⑯ 将背面修薄修光滑后,雕出复羽。

⑰ 另将一块原料切成楔形坯子,在侧面上画出鸟的大形。

⑱ 雕出鸟的大形。

⑲ 将身体修圆滑,尾部收细。

⑳ 给嘴部倒棱。

㉑ 画出嘴线。

㉒ 雕出嘴部。

㉓ 雕出眼、鼻、舌,拉出身上的细毛。

㉔ 用手刀雕出初级飞羽。

㉕ 雕出次级飞羽。

㉖ 戳出一层短尾后,将短尾下的原料剔掉。

㉗ 另取料雕出长尾。

㉘ 将长尾粘在短尾下面。

㉙ 用白萝卜雕出月亮,将前一只鸟粘上翅膀,固定在月亮的右上角。

㉚ 将另一只鸟固定在月亮的左下角。

㉛ 雕出鸟爪粘在鸟腿处,配上花、枝、叶即可。

2.57 孔雀

① 原料切成楔形坯子。

② 将雕嘴的位置切尖。

③ 画出孔雀的大形。

④ 雕出头顶部和颈、胸、腹、腿部曲线。

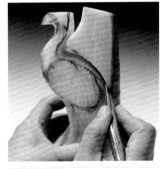

⑤ 雕出背部曲线。

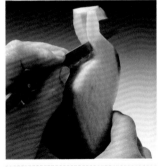

⑥ 从头部开始向颈、背、尾部去废料，刀刃由垂直逐渐转平。

⑦ 再从颈、胸、腹部逐渐向腿部去废料。

⑧ 将臀部收细。

⑨ 将嘴部倒棱。

⑩ 雕出嘴。

⑪ 雕出眉骨，戳出眼睛和眼睛后面的装饰纹。

⑫ 戳出鼻孔和舌头。

⑬ 戳出颈部和身上的羽毛。

⑭ 用拉刻刀拉出一层短尾。

⑮ 剔去一层废料后，用V形戳刀戳出一层稍长的尾。

⑯ 粘上一块原料雕成山石，使整体增高。

⑰ 将第一步中切下的余料修成三角形，削去表皮，拉出双线。

⑱ 用手刀雕出复羽后再雕出初级飞羽。

⑲ 用拉刻刀在飞羽上拉出双线。

⑳ 剔下一层废料后戳出次级飞羽。

㉑ 将翅膀背面修薄修光滑后，雕出背面的复羽和飞羽。

22 原料切一指厚的片后，修成
尾翎形状（约10个）。

23 将尾翎片成一片片的薄片
后，用清水泡一会。

24 用废料切成厚片，粘在尾部
成扇形。

25 将泡好的尾翎从下向上一层
层粘起。

26 心里美萝卜切成水滴形薄片
粘在尾翎中间。

27 牙签剖细，插上胡萝卜雕的
小羽毛，插在孔雀头上。

28 雕出几个飘翎（与公鸡尾翎
相似），粘在短尾下面缝隙
处。

29 配上花、叶即可。

2.58 锦上添花（锦鸡）

① 在原料侧面切出"V"形槽。

② 在"V"形槽下面切去一块多余的料。

③ 画出锦鸡的头、嘴、颈部。

④ 雕出嘴、头的上部曲线。

⑤ 在嘴两侧各切一刀，使嘴部变尖。

⑥ 在嘴两侧倒棱。

⑦ 画出嘴线，雕出上嘴。

⑧ 雕出下嘴。

⑨ 用拉刻刀拉出嘴壳。

⑩ 再拉出头翎。

⑪ 在头翎下面雕出脖颈。

⑫ 雕出眼睛后再戳出嘴角部肌肉。

⑬ 用手刀雕出鼻孔舌头（用V形戳刀也可）。

⑭ 雕出脖子上的条纹。

⑮ 剔下身体侧面的余料。

⑯ 将身体修圆，臀部收细。

⑰ 雕出左爪。

⑱ 再雕出右爪。

⑲ 雕出身上的羽毛。

⑳ 用V形戳刀戳出一层短尾。

㉑ 将短尾下的废料剔掉。

㉒ 取一块原料，用拉刻刀拉出尾翎。

㉓ 用手刀片下尾翎。

㉔ 取两块片状原料，修成翅膀形状。

㉕ 先拉出双弧线，用手刀雕出复羽，再雕出飞羽。

㉖ 在飞羽上拉出双线后剔一层废料，截出次级飞羽。

㉗ 将翅膀背面修薄修光滑，然后雕出复羽和飞羽。

㉘ 用拉线刀拉出飞羽上的双线。

㉙ 将翅膀粘在后背部。

㉚ 再将两个长尾翎粘在短尾下面，配上花、叶、云即可。

2.59 琴凤合鸣

① 萝卜戳出葫芦雏形。

② 将葫芦修光滑。

③ 胡萝卜雕出笛子。

④ 将笛子粘在葫芦底部，再粘上两根护管。

⑤ 将做好的葫芦丝固定在底座上。

⑥ 两刀将萝卜切成楔形坯子。

⑦ 侧面上先画出凤凰的头和身子。

⑧ 再画出嘴、头翎、颈、尾等。

⑨ 雕出头顶、颈、胸腹部，留出嘴部不雕。

⑩ 在头翎两侧各切一刀，使之变尖。

⑪ 雕出头翎、颈、后背。

⑫ 将身体上的棱角削去，臀部收细。

⑬ 给嘴倒棱。

⑭ 画出嘴线。

⑮ 雕出嘴。

⑯ 戳出鼻孔、舌头，雕出凤眼。

⑰ 雕出身上羽毛。

⑱ 拉出一层短尾，然后剔下一层废料。

⑲ 用V形戳刀再戳出一层稍长的尾。

⑳ 将尾下的废料剔掉，但要留出一部分基座。

㉑ 将凤凰身体固定在葫芦丝上。

㉒ 将第一步中切下的两块余料修成三角形，削去表皮，拉出双线。

㉓ 用手刀雕出复羽后再雕出初级飞羽。

㉔ 剔去一层废料后截出次级飞羽。

㉕ 将翅膀背面修薄，雕出复羽。

㉖ 将萝卜削皮，然后用双线拉刻刀拉出尾翎的筋。

㉗ 用拉刻刀拉出翘起的尾翎羽毛。

㉘ 用手刀将尾翎片下来。

㉙ 将翅膀粘在凤凰身上，将三四根尾翎粘在短尾下，粘上凤冠，配上花、叶即可。

2.60 鹰

① 南瓜切出楔形坯子。

② 在侧面上画出鹰的大形。

③ 雕出大形。

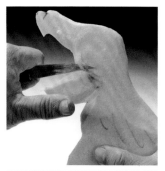

④ 将棱角修圆滑，臀部收细，大腿张开。

⑤ 给嘴部倒棱。

⑥ 雕出钩形嘴。

⑦ 雕出鼻孔和舌头。

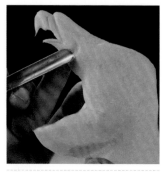

⑧ 戳出眼窝和嘴角部肌肉。

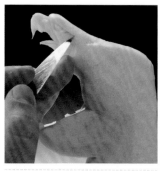

⑨ 先雕出眉骨，然后雕出半圆形眼睛。

⑩ 安上仿真眼。

⑪ 拉出颈部羽毛。

⑫ 雕出身上羽毛，拉出大腿部细毛，再拉出尾翎中心的双线。

⑬ 戳出一根尾翎。

⑭ 依次戳出扇形尾翎后，将尾下原料雕成山石。

⑮ 在南瓜的空心部分削表皮，雕出翅膀边缘线和双弧线。

⑯ 雕出复羽。

⑰ 用手刀雕出初级飞羽。

⑱ 在每片飞羽上拉出双线。

⑲ 剔去一层废料后，再戳出次级飞羽。

⑳ 将翅膀从南瓜上片下来。

㉑ 用拉刻刀拉出翅膀背面的边缘线，将其余部分修薄修光滑。

22 雕出复羽。

23 雕出飞羽。

24 用双线拉刻刀拉出飞羽上的线。

25 取一小块废料，雕出鹰爪大形。

26 将鹰爪分成三个趾，仔细雕出爪尖。

27 将翅膀固定在鹰身上（同时用胶水和牙签），粘上鹰爪，配上云彩即可。

2.61　金龙鱼

① 南瓜切厚片，在侧面上画出金龙鱼的大形。

② 雕出金龙鱼的大形。

③ 修去背、腹部的棱角，将鱼身修光滑。

④ 雕出上翘的鱼嘴。

⑤ 雕出鱼鳃。

⑥ 雕出眼睛。使眼睛略凸出，安上仿真眼。

⑦ 雕出鱼鳞。

⑧ 用小V形戳刀戳出鱼鳞上的槽。

⑨ 用拉刻刀拉出鱼尾上的纹。

⑩ 另取一薄片，雕出背鳍。

⑪ 将背鳍粘在鱼背上。

⑫ 粘上胸鳍、腹鳍，粘上须子，配上花、叶、草即可。

2.62 双鲤戏荷

① 胡萝卜切成楔形坯子。

② 在侧面上画出鲤鱼的大形。

③ 雕出鲤鱼大形。

④ 在鱼背两侧各修一刀废料，使鱼背部呈尖形。

⑤ 在鱼腹部两侧少削一些废料，使鱼腹圆润，然后粘上尾部画出鱼尾。

⑥ 雕出鱼尾，修薄。

⑦ 进一步将身体修光滑。

⑧ 用手刀雕出鱼嘴，换U形戳刀戳出鱼唇，将鱼嘴挖空。

⑨ 雕出鱼鳃。

⑩ 雕出鱼眼。

⑪ 在鱼眼中插入凸起的柱，插上仿真眼。

⑫ 雕出鱼鳞。

⑬ 用拉刻刀拉出鱼尾上的纹。

⑭ 取一片状原料，画出鱼背鳍的形状。

⑮ 雕出背鳍，粘在鱼背部。

⑯ 雕出胸鳍和腹鳍粘上。

⑰ 在胡萝卜两侧各切下一"S"形废料。

⑱ 在侧面上画出鲤鱼大形。

⑲ 雕出鲤鱼大形。

⑳ 将身体修光滑后，雕出鱼嘴、鱼鳃。

㉑ 雕出鱼眼、鱼鳞、鱼尾后，粘上背鳍、胸鳍和腹鳍。

㉒ 将雕好的鲤鱼固定在山石上，配上荷花荷叶即可。

2.63　金枪鱼

① 南瓜切成厚片，先画出一段弧线。

② 沿弧线画出金枪鱼的大形。

③ 雕出金枪鱼大形。

④ 修去棱角，将身体修光滑。

⑤ 雕出唇线。

⑥ 将嘴掏空。

⑦ 用U形戳刀戳出鳃部。

⑧ 雕出眼睛，安上仿真眼。

⑨ 用拉刻刀拉出尾部。

⑩ 取一片原料雕出背鳍，再雕出胸鳍和腹鳍。

⑪ 取一块南瓜雕出浪花。

⑫ 将鱼固定在浪花上，然后粘上背鳍、胸鳍、腹鳍即可。

2.64 金玉满堂（金鱼）

① 胡萝卜切成楔形坯子。

② 在侧面上画出金鱼大形。

③ 雕出金鱼大形。

④ 将背部修尖，腹部修圆。

⑤ 画出尾部大形（不够的地方粘补上）。

⑥ 用拉刻刀将尾部拉出大的凹槽。

⑦ 雕出鱼嘴，然后用U形戳刀戳出嘴唇，使嘴唇凸出。

⑧ 雕出鱼鳃。

⑨ 雕出鱼鳞。

⑩ 拉出尾上的纹。

⑪ 雕出鱼尾，将鱼尾从原料上分开，然后从内将鱼尾削薄。

⑫ 雕出眼睛。

⑬ 粘上球形眼睛，插上仿真眼。

⑭ 粘上背鳍。

⑮ 粘上胸鳍。

⑯ 绿萝卜雕出玉环。

⑰ 同样方法雕出白色金鱼，将金鱼固定在玉环上，配上睡莲花、荷叶，再用胡萝卜雕出红绳穗子粘在玉环上即可。

2.65 神仙鱼

① 南瓜切1厘米厚的片，画出神仙鱼的大形。

② 用手刀雕出神仙鱼大形。

③ 将边缘部分修薄。

④ 用拉刻刀拉出鱼身与鱼鳍的交界线。

⑤ 将鱼鳍部分修薄。

⑥ 雕出鱼嘴。

⑦ 雕出嘴唇、鱼鳃。

⑧ 雕出眼睛，安上仿真眼。

⑨ 雕出鱼鳞。

⑩ 用拉刻刀拉出鱼鳍。

⑪ 用绿萝卜雕出一块山石。

⑫ 将神仙鱼固定在山石上，粘上胸鳍和长须，再配上用胡萝卜雕的珊瑚即可。

2.66 虾

① 萝卜切成尖形。

② 画出虾的大形。

③ 雕出背部曲线。

④ 从左右两侧各切一刀，将尾部收细。

⑤ 直刀划出虾头形状，斜刀片去废料，使虾头凸显出来。

⑥ 雕出虾节。

⑦ 戳出竹叶形虾尾。

⑧ 在虾头上雕下一点废料，虾头中间留下一薄片，将薄片雕成齿状虾枪。

⑨ 将须爪部分的原料从两侧削薄，然后用小V形戳刀戳出三四根长爪，再戳出腹部短爪。

⑫ 雕出虾眼粘在头部，然后将虾固定在山石上，配珊瑚、水草即可。

⑩ 将虾与废料分开。

⑪ 另雕几根长须粘在虾头底下（如果原料够长，也可以直接雕出）。

2.67 祥龙

① 萝卜一剖两半，将其中一半切成厚片，另一半切成楔形。

② 在厚片的原料侧面画出一段龙身。

③ 雕出这段龙身（上面那部分不雕）。

④ 将楔形的原料粘在龙身的上部侧面。

⑤ 在楔形原料上画出龙身的后半段。

⑥ 雕出后半段龙身。

⑦ 雕出转弯的部分。

⑧ 将龙身修光滑。

⑨ 雕出龙尾。

⑩ 用双线拉刻刀拉出腹部。

⑪ 雕出腹甲。

⑫ 雕出龙鳞。

⑬ 取一萝卜，切成梯形坯子。

⑭ 在侧面上画出龙头大形。

⑮ 依次雕出嘴、鼻、额头、龙角。

⑯ 将鼻子部位修窄，雕出鼻尖、鼻翼、鼻孔。

⑰ 将U形戳刀扣过来，向前、向后两刀戳出眼球。

⑱ 将眼球周围的原料剔去一圈，使眼睛凸出。

⑲ 安上仿真眼。用手刀在嘴角处向里切下一刀。

⑳ 再用U形戳刀扣过来向嘴角斜后方戳一刀。

㉑ 雕出向两侧突起的咬合肌。

㉒ 用拉刻刀拉出眉毛。

㉓ 用U形戳刀在咬合肌后面直刀戳出成"3"字形的龙脸。

㉔ 雕出龙脸后面的刺。

㉕ 雕出胡须粘在下巴处。

㉖ 将龙头后面挖空成"V"字形。

㉗ 雕出鼻尖前面的水须。

㉘ 将龙头粘在龙身上。

㉙ 取一厚片，画出龙腿龙爪大形。

㉚ 雕出腿爪大形。

㉛ 将龙爪分成三个爪趾，修细修精，雕出腿上的鳞。

㉜ 将四个龙爪粘上，另雕弯曲的背鳍粘在龙背上。

㉝ 雕出鬃毛粘在龙头后，粘上龙牙、长须。配上云彩太阳即可。

2.68 麒麟

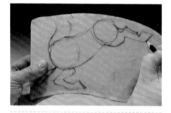

① 南瓜切厚片，画出麒麟大形。

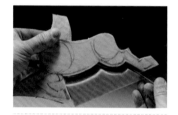

② 手刀雕出麒麟大形，前腿的位置留出来。

③ 将前腿中间的废料剔掉。

④ 雕出两只前腿。

⑤ 修去棱角，将身体修光滑。

⑥ 仔细雕出四腿和蹄，再雕出脖子和腹部的腹甲。

⑦ 用双线拉刻刀拉出鳞。

⑧ 取一南瓜，切成前窄后宽的坯子，在侧面上画出麒麟头大形（与龙头相同）。

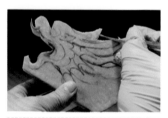

⑨ 雕出嘴、鼻、额头和角。

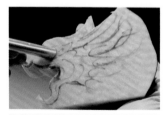

⑩ 用U形戳刀扣过来前后两刀戳出眼球。

⑪ 剔去眼球周围的废料，使眼球凸出。

⑫ 雕出弯曲的上唇线，将鼻尖部修窄。

⑬ 雕出鼻尖、鼻翼、鼻孔，再雕出咬合肌。

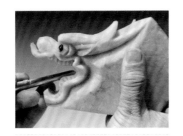

⑭ 雕出犄角、牙，用U形戳刀将牙齿中间的废料戳掉。

⑮ 雕出脸部。

⑯ 雕出脸后的尖刺。

⑰ 将麒麟头后面切成"V"形。

⑱ 雕出鼻尖前面的水须。

⑲ 雕出两片鬃毛。

⑳ 将麒麟头粘在脖颈部，在缝隙处粘上鬃毛。

㉑ 雕出尾巴和背鳍。

㉒ 将麒麟固定在云形底座上，粘上尾和背鳍，另雕出舌、牙、长须粘上，配上几片云彩即可。

2.69 双鹿

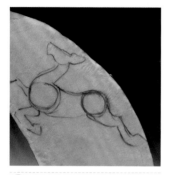

① 南瓜切厚片，然后在侧面上画出鹿的大形。

② 雕出鹿的头、胸、背部曲线。

③ 雕出鹿的腹部曲线。

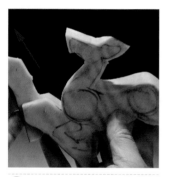

④ 将两只前腿间的废料切掉。

⑤ 雕出两只前腿。

⑥ 将颈部、腹部修窄，头部修成梯形。

⑦ 将身上的棱角修圆。

⑧ 雕出耳朵，将鼻梁部分收细，使眼睛和嘴巴部分向两侧突出。

⑨ 雕出眼眶，顺眼角向前雕出鼻梁沟。

⑩ 雕出眼睛。

⑪ 雕出鼻、嘴，用U形戳刀戳出嘴唇，使嘴唇突起。

⑫ 用U形戳刀戳出脖筋、肌肉。

⑬ 再戳出腿上的筋。

⑭ 南瓜切厚片，在侧面上画出回头鹿的大形。

⑮ 雕出回头鹿的身体大形。

⑯ 雕出前腿。

⑰ 将颈、腰部修细，头部修尖，修去棱角，雕出头部和身上肌肉。

⑱ 雕出两只鹿的角和尾巴。

⑲ 将两只鹿固定在雕好的底座上，粘上鹿角和尾巴即可。

2.70　一路向前

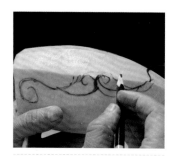

① 取南瓜空心的那一段，削皮，画出车的边缘。

② 沿线切开南瓜，挖空瓜瓤。

③ 雕出花纹。

④ 用白萝卜雕出四个车轮。

⑤ 用南瓜雕出一个大元宝。

⑥ 用胡萝卜片雕出几个金钱。

⑦ 将四个车轮用牙签固定在车上，元宝和金钱放在车上，将上节中雕好的鹿摆在车前，用白萝卜丝做缰绳即可。

2.71 骆驼

① 南瓜切厚片，在侧面上画出骆驼大形（缺的地方粘补上）。

② 雕出骆驼一侧大形。

③ 将骆驼的另一侧补上原料，画出两腿。

④ 雕出另一侧两腿。

⑤ 将两个驼峰修圆。

⑥ 再将颈、腹、腿等修圆。

⑦ 雕出耳朵和鬃毛。

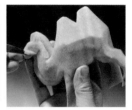

⑧ 将鼻梁部修细，使眼睛和嘴巴部分向两侧突出。

⑨ 雕出眼睛。

⑩ 雕出鼻、嘴，使嘴唇突出。

⑪ 拉出脖颈部细毛。

⑫ 雕出蹄子和腿上的筋。

⑬ 将雕好的骆驼固定在底座上，另用绿萝卜雕出一个仙人掌即可。

2.72　玉兔

① 白萝卜切厚片，画出兔的大形。

② 用手刀雕出兔的头、前腿、腹。

③ 再雕出耳朵、背部和后腿。

④ 将兔的脖、腰部修细。

⑤ 雕出脸颊。

⑥ 雕出耳朵。

⑦ 修去棱角，将身体表面修圆滑。

⑧ 精修身体表面。

⑨ 雕细鼻梁部，使眼和嘴巴部分向两侧突出。

⑩ 雕出三角形的鼻子，雕出肥大的嘴巴。

⑪ 用牙签在嘴巴部戳若干个小孔。

⑫ 雕出尾巴粘上。

⑬ 另取一片萝卜，在侧面上画出坐姿的兔子大形。

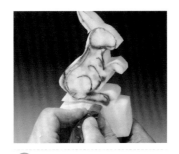

⑭ 用手刀雕出兔子大形。

⑮ 将脖子部分收细。

⑯ 雕出耳朵、脸颊。

⑰ 雕出大腿锥形和前腿，修去棱角，将身体修光滑。

⑱ 雕出眼睛。

⑲ 雕出鼻、嘴，用牙签在嘴巴上戳若干个小孔。

⑳ 雕出尾巴粘上。

㉑ 将两只兔子固定在山石上，另用南瓜和绿萝卜雕出月亮和小草，粘上即可。

2.73　龙腾四海

① 牛腿瓜切厚片，画出一段龙身。

② 雕出这段龙身。

③ 粘上一段原料，补画出龙身。

④ 雕出完整的龙身。

⑤ 将龙身修光滑。

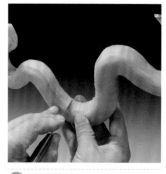

⑥ 雕出腹甲。

⑦ 雕出龙鳞。

⑧ 将一段牛腿瓜切成前窄后宽的坯子，在侧面上画出龙嘴。

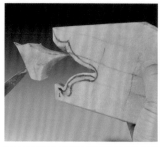

⑨ 雕出龙嘴。

⑩ 画出鼻、额头、角，雕出来。

⑪ 用U形戳刀扣过来前后两刀戳出眼球。

⑫ 剔去眼球周围的一圈废料，使眼球凸出。

⑬ 雕出弯曲的上唇线，将鼻子修窄。

⑭ 雕出下唇线。

⑮ 雕出牙齿。

⑯ 将鼻尖分三份，雕出鼻尖鼻翼。

⑰ 雕出鼻孔。

⑱ 用拉刻刀拉出眉毛。

⑲ 雕出龙脸。

⑳ 雕出龙脸后面的刺。

㉑ 将龙头后面的废料切掉。

㉒ 在龙头前面雕出水须。

㉓ 取一块原料，在侧面上画出龙爪大形。

㉔ 雕出龙爪，将爪趾分开。

㉕ 雕出爪尖、鳞片、肘毛。

㉖ 雕一个较大的山石，将龙身固定在山石上。

㉗ 粘上龙头。

㉘ 在龙头和脖子的缝隙间粘上几根鬃毛，龙背上粘上背鳍。

㉙ 将龙爪粘在龙身上，粘上舌头、门牙、长须，配上云彩和水花即可。

2.74　虎威

① 取一弯曲的牛腿瓜，切厚片，画出虎的大形（虎头是方形，缺失的地方补一下）。

② 雕出虎的大形。

③ 雕出腹部。

④ 雕出另一侧的腹部。

⑤ 将腰部、颈部修细，然后雕出耳朵和脸颊。

⑥ 将嘴巴鼻梁部分修窄。

⑦ 雕出额头，将鼻梁额头两侧修圆。

⑧ 雕出向两侧凸起的腮毛。

⑨ 雕出眼睛和鼻梁槽。

⑩ 雕出嘴形。

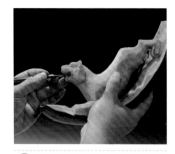

⑪ 雕出舌头。

⑫ 雕出三角形的鼻尖，雕出腮毛上的条纹。

⑬ 用牙签在鼻侧扎出若干个小眼。

⑭ 雕出身上条纹。

⑮ 雕出虎爪。

⑯ 用拉刻刀拉出石头。

⑰ 雕出虎尾。

⑱ 配上山石、云彩、太阳即可。

2.75 马到成功

① 牛腿瓜切厚片。

② 在侧面上画出马的大形。

③ 雕出马的大形（前腿部分不雕）。

④ 将两前腿之间的原料挖掉，补上前腿缺失的部分，画出前腿。

⑤ 雕出直的前腿。

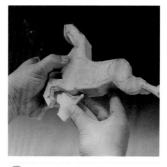

⑥ 再雕出弯曲的前腿。

⑦ 将颈部、腰部修细。

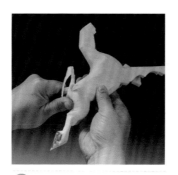

⑧ 雕去棱角，将身体修圆。

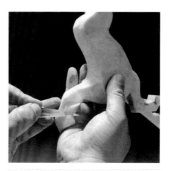

⑨ 从两侧将鼻梁部收细，使嘴巴和眼睛向两侧凸出。

⑩ 雕出眼睛和鼻梁沟。

⑪ 雕出嘴、鼻孔，使嘴唇凸出。

⑫ 用U形戳刀戳出身上肌肉。

⑬ 雕出浪花底座。

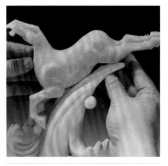

⑭ 将马固定在浪花上。

⑮ 雕出鬃毛、耳朵粘上。

⑯ 雕出马尾。

⑰ 将马尾粘上即可。

2.76　奔牛

① 先画出牛的背部曲线，然后画出头、胸、臀三个几何图形。

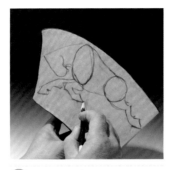

② 画出颈、腹、腿。

③ 雕出背、颈部。

④ 雕出腹部，然后将前腿中间的废料切掉。

⑤ 雕出两只前腿。

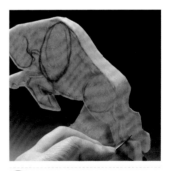

⑥ 再雕出两只后腿。

⑦ 将颈部和腰部修细。

⑧ 雕出头部大形和颈部。

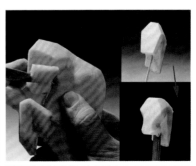

⑨ 从左右两侧将鼻梁部修细，使眼睛和嘴唇部向两侧凸出。

⑩ 用U形戳刀将眼球周围原料戳掉，使眼球凸出。

⑪ 雕出眼睛。

⑫ 雕出鼻子。

⑬ 雕出嘴唇，然后戳出脖子上的褶。

⑭ 用U形戳刀戳出脊梁骨。

⑮ 戳出胸部、臀部两块大结构。

⑯ 雕出腿部筋腱和小块肌肉。

⑰ 粘上耳朵和牛角。

⑱ 配上萝卜皮雕的草，完成。

2.77 吉祥羊

① 将牛腿瓜切成椅背形状。

② 在椅背上画出羊头和脖子。

③ 雕出羊头大形。

④ 切下羊身体两侧的余料。

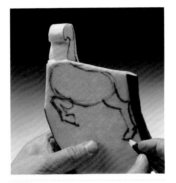

⑤ 画出羊的身体和腿。

⑥ 雕出一侧的羊腿。

⑦ 画出另一侧的羊腿（缺失的地方粘上）。

⑧ 雕出另一侧的羊腿。

⑨ 将腹部下面的原料剔净，修掉身体上的棱角。

⑩ 修出头部大形。

⑪ 从左右两侧将鼻梁部修细，使眼睛和嘴唇部凸出。

⑫ 将身体修光滑，用砂纸略打磨。

⑬ 雕出眼眶，同时雕出鼻梁沟。

⑭ 雕出眼睛。

⑮ 雕出鼻、嘴和凸起的嘴唇。

⑯ 用拉刻刀拉出颈部、胸部的毛。

⑰ 雕出耳朵，粘上。

⑱ 雕出羊角和胡须粘上。

⑲ 配上用胡萝卜雕的金钱和萝卜皮拉出的青草即可。

2.78 雄狮

① 牛腿瓜切厚片，画出狮头、鬃毛、臀部大形。

② 画出腿部大形。

③ 雕出头部、背部和一侧的腿。

④ 粘上缺失的原料。雕出另一只腿。

⑤ 将腰部修细，雕出头部雏形。

⑥ 雕出两个耳朵。

⑦ 雕出一缕一缕的鬃毛。

⑧ 用U形戳刀戳出眼球。

⑨ 从两侧雕出嘴线。

⑩ 雕出牙，将嘴中间挖空。

⑪ 雕出眼睛。

⑫ 用牙签在鼻侧扎出若干个小眼。

⑬ 拉出身上的肌肉。

⑭ 拉出爪趾。

⑮ 拉出细细的鬃毛。

⑯ 雕出尾巴。

⑰ 粘上尾巴。

⑱ 配上底座、小草即可。

2.79 发财猪

① 南瓜切厚片，在侧面上画出猪的大形。

② 雕出猪的大形。

③ 修去棱角，将身体修光滑。

④ 雕出猪蹄。

⑤ 雕出眼、嘴。

⑥ 雕出猪鼻。

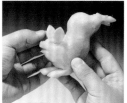

⑦ 戳出鼻梁上的褶，粘上耳朵。

⑧ 雕出脖子上的褶。

⑨ 粘上尾巴。

⑩ 雕出云形底座。

⑪ 用胡萝卜雕出一串金钱。

⑫ 将雕好的猪固定在底座上，配上金钱，另雕两片云彩粘上即可。

2.80 寿星

① 牛腿瓜切出肩膀位置，留出头部。

② 将脸部削圆，雕出左臂。

③ 用小U形戳刀戳出眉毛雏形。

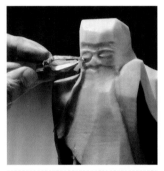

④ 用手刀雕出鼻子和脸蛋，换拉刻刀拉出眼窝。

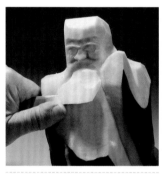

⑤ 在嘴部切下一刀，使嘴部低陷。

⑥ 用拉刻刀拉出长寿眉。

⑦ 用最大号U形戳刀扣过来雕出头部。

⑧ 将额头戳圆滑。

⑨ 用中号U形戳刀戳出前面额头凸起的部分。

⑩ 戳出发髻。

⑪ 雕出耳朵，耳垂要大。

⑫ 雕出发髻上的布褶。

⑬ 雕出上嘴唇（留出牙齿的位置）。

⑭ 雕出下嘴唇。

⑮ 雕出上牙齿，用拉刀拉出下嘴唇。

⑯ 雕出舌头。

⑰ 雕出上弯的眼睛。

⑱ 雕出下眼皮。

⑲ 雕出另一侧的手臂。

⑳ 雕出前面的衣摆。

㉑ 雕出后面的腰带。

㉒ 雕出前面的衣带。

㉓ 雕出右侧的衣袖、衣褶。

㉔ 雕出后背的衣褶。

㉕ 雕出左侧的衣袖、衣褶。

㉖ 雕出鞋和前面的衣褶。

㉗ 拉出胡须。

㉘ 雕出两只手，插入袖管中。

㉙ 雕出如意、拐杖、葫芦，粘在寿星身上，另配仙鹤、鹿、云彩即可。

2.81 渔翁

① 雕出头部大形。

② 用拉刻刀拉出发际、眉毛、鼻翼沟。

③ 用拉刻刀拉出眼窝、鼻子。

④ 用手刀将脸蛋修圆，嘴部修平。

⑤ 雕出耳朵、鬓角、下巴。

⑥ 雕出另一侧的耳朵、鬓角、下巴。

⑦ 雕出上嘴线（留出牙齿的位置）。

⑧ 雕出下嘴线。

⑨ 戳出下嘴唇。

⑩ 雕出牙齿和舌头。

⑪ 雕出上弯的眼睛。

⑫ 雕出右臂、腰。

⑬ 雕出左臂、腰、左腿大形。

⑭ 雕出两只脚的雏形。

⑮ 雕出前面的衣领、腰带、裤管。

⑯ 雕出左手粘上。

⑰ 雕出右手。

⑱ 雕出双脚。

⑲ 雕出后背部的衣褶。

⑳ 粘上发髻带子和鬓角上的一缕胡子，配上鱼竿、鱼篓、青草即可。

视频教程（扫码即看）

1. 牡丹花

2. 月季花

3. 大丽花

4. 荷花

5. 小鸟

6. 天鹅

7. 古塔   8. 虾   9. 鲤鱼

10. 仙鹤   11. 龙头   12. 寿星头